什么是真正的内心强大？

新手少年的大人生攻略

［日］斋藤孝 著

潘咏雪 译

中信出版集团｜北京

图书在版编目（CIP）数据

什么是真正的内心强大？/（日）斋藤孝著；潘咏雪译. -- 北京：中信出版社，2023.9（2025.9重印）
（新手少年的大人生攻略）
ISBN 978-7-5217-5887-0

Ⅰ.①什… Ⅱ.①斋…②潘… Ⅲ.①成功心理－青少年读物 Ⅳ.① B848.4-49

中国国家版本馆 CIP 数据核字（2023）第 131300 号

「本当の「心の強さ」ってなんだろう？」©2021 Takashi Saito
Original Japanese language edition published by SEIBUNDO SHINKOSHA Publishing Co.,LTD.
The simplified Chinese translation rights arranged with SEIBUNDO SHINKOSHA Publishing Co.,LTD., Japan through Rightol Media Limited.
（本书中文简体版权经由锐拓传媒取得，Email:copyright@rightol.com）
Simplified Chinese translation copyright © 2023 by CITIC Press Corporation.
ALL RIGHTS RESERVED

本书仅限中国大陆地区发行销售

什么是真正的内心强大？
（新手少年的大人生攻略）

著　　者：[日] 斋藤孝
译　　者：潘咏雪
出版发行：中信出版集团股份有限公司
　　　　　（北京市朝阳区东三环北路27号嘉铭中心　邮编 100020）
承 印 者：北京通州皇家印刷厂

开　　本：880mm×1230mm　1/32　印　　张：6.5　字　　数：83千字
版　　次：2023年9月第1版　　　　　印　　次：2025年9月第11次印刷
京权图字：01-2023-2499
书　　号：ISBN 978-7-5217-5887-0
定　　价：35.00元

版权所有·侵权必究
如有印刷、装订问题，本公司负责调换。
服务热线：400-600-8099
投稿邮箱：author@citicpub.com

目录

引言　　　　　　　　　　　　　　　　　　　001

第1章　什么是内心的强大或软弱？

软弱是指被情感支配的状态　　　　　　　　007

心灵不该感情用事　　　　　　　　　　　　009

平衡好智、情、意　　　　　　　　　　　　012

智、情、意不平衡的结果　　　　　　　　　013

通过身体来感受智、情、意　　　　　　　　016

心灵通过经验获得成长　　　　　　　　　　018

这不是性格的问题，而是心灵的癖好　　　　021

负面情绪也有存在的意义　　　　　　　　　023

不必始终保持积极　　　　　　　　　　　　026

拥有韧性而不是强度　　　　　　　　　　　028

调整心态从改变行为开始　　　　　　　　　030

内心强大的人往往很沉稳　　　　　　　032

不要让内心的火苗消失　　　　　　　035

第2章　如何更好地应对失败？

我们为什么害怕失败？　　　　　　　　043

真了不起啊，失败了那么多次！　　　　044

没有浪费的经验　　　　　　　　　　　046

否认失败，就不会有伟大的发现和发明　047

把失败看成成功的一环　　　　　　　　050

敢于犯错并一笑置之的人往往进步迅速　051

害怕失败会让人错失良机　　　　　　　052

害怕失败是一种心灵癖好　　　　　　　054

在不安和安全的狭缝之间　　　　　　　056

假设失败发生　　　　　　　　　　　　058

将自我与失败的事分开　　　　　　　　060

用成功刷新失败　　　　　　　　　　　062

重复犯错是因为不接受失败　　　　　　064

不怕失败的"天修革"精神　　　　　　065

失败是你的勇气勋章	067
不必得 100 分，只要付出 100% 的努力	070

第 3 章　让修正能力成为你的武器

你需要的是修正能力	075
考试后的复习也是一种修正能力	076
有目标，努力就不难	079
你能发现自己的问题吗？	081
拥有一个好向导	082
拆解问题，重点练习	085
通过经历增加你的经验	087
应对不同的挑战	089
必须做的事情会让你变得更强大	092
有危机感就赶紧修正	094
让那些有效的方法成为自己的理论	096
不甘心是燃料	098
进取心源自内心的能量	099
找到最佳替代方案	101

第4章 不要被自卑感所困扰

青少年的内心充满了自卑　　　　　107

青春期是纯真的　　　　　　　　　108

感到自卑可以，但要小心自卑情结　111

钻牛角尖会导致意识失控　　　　　113

努力克服并跨越自卑　　　　　　　115

障碍也能带给我们幸运　　　　　　118

转变思想，把弱点变成魅力　　　　122

弱点是可以活用的资源　　　　　　125

找到心灵的伙伴　　　　　　　　　126

创造能给你带来信心的东西　　　　130

第5章 从黑历史中解放自己

从黑历史中获得自由　　　　　　　135

中途退出社团，悔不当初　　　　　136

黑历史真的那么黑吗？　　　　　　138

看待世界的方式不止一种　　　　　140

价值观会不断变化	142
评价的标准不止一个	145
事在人为	147
自我肯定来自自信	148
没有无法挽回的事	150
历经长期的考验，现在一切都好了	152

第6章　无论跌倒多少次都能重新振作起来的强大心态

掌握不屈服的力量吧	159
因为逆风，所以能飞！	161
改变思考的习惯	162
保持沉稳，而不强迫自己变得强大	164
培养让自己高兴的习惯	166
听一听战胜挫折和苦难的"插曲"	168
设立诺贝尔奖是为了赎罪吗？	171
从运动员的拼搏精神中得到鼓励	173
燃烧你的心吧！	175

| 无敌的热情来自什么? | 177 |
| 柔韧、沉稳、坚强 | 180 |

结语 185

| 啊…… |

| 三个校霸…… | 那不是学校里的…… |

| 就在这里停下吧…… 咔嚓嚓嚓 | 这样的话,就快碰到他们了。 在等红绿灯啊…… 咔嚓嚓 |

别胡思
乱想了！
说不定……
别㞞啊……
微妙的距离
越来越近了……
停在这个位置不算㞞吧？
啊……
不要想这些！
真希望我能做到这样！
喂！
（自行车猛地停下）
绝对不可能的……

引言

继《什么是真正的朋友？》《什么是真正的聪明？》后，"新手少年的大人生攻略"系列推出了第三部。

这次的主题是内心强大。本书从不同角度解释了让内心变得强大的思维方式。

你对自己的精神状态有信心吗？你是否有过这样的感觉？

"我很容易受伤，遇到一点儿不顺心的事就会感到沮丧。"

"我一遇到不愉快的事就焦虑，拖着不去解决。"

"我害怕犯错，所以很难主动去做一些事。"

"我缺乏自信。"

"我太在意别人对我的看法。"

"我做事总是半途而废。"

…………

内心脆弱的人往往难以应对不愉快的事情。这些人被焦虑、压力和一些其他负面情绪折磨，倍感疲劳，很容易感到生活艰难。

拥有强大的内心就是不再被这些负面情绪支配。它意味着提高应对挫折的能力。你将不再被无伤大雅的事情伤害，不再为无关紧要的事情烦恼，变得更有信心，更放松，过得更开心、幸福。

"可这是性格的问题，我也没办法……"

如果你这么想，那就大错特错了。**内心的脆弱不是性格的问题**，断定"我是这样的性格，所以……"的态度是不对的。**内心的强大不是与生俱来的品质，**

而是靠自己获得的力量，它是一种保护自己的武器。有了它，我们才能成功穿越波涛汹涌的人生之海。

拥有强大的精神力量经常被称为具有钢铁精神。虽然钢铁看起来很坚固，但我希望你拥有的，不是钢铁一般的内心，而是**柳树精神**。

柳树，你见过吗？纤细的枝条垂下，随风摇摆。那样子看起来一点儿也不结实，但再大的风雪也不能使它断裂。因为柳枝柔韧，所以可以承受狂风和暴雪的侵袭。它还有坚韧的根，即使树干折断，也可以从树桩周围再次发芽。

柔韧不易折断，耐击打，有再生力，很结实——这就是我希望你拥有的像柳树般的心智。

我认为，内心强大最需要的是摔倒后再爬起来的力量。不需要坚决不动摇、不失败、不气馁……你不需要那么坚强。生而为人，可以动摇，气馁了也没关系，失败了也无所谓。你可以迷茫、慌张、犯错、失败、受挫……但是无论怎么跌倒，你只要有再次站起来的力量就可以了。无论多少次都能重新振作起来，只要有这样的力量，未来就是光明的。

不愉快的经历、棘手的事情、沉重的挫折、意想不到的逆境……**无论遇到什么消极的事情，都能凭借强大的内心，像柳树一样顽强地焕发出新生。拥有这样坚强、难以摧折的内心就是我们的目标。**

为此，我们该怎么做呢？本书将详细地告诉你如何处理压力，如何从抑郁或伤害中恢复，重新获得力量以及如何保持内心的强大。

在热门漫画《鬼灭之刃》中，主人公灶门炭治郎对一名猎鬼人说："最弱的人有最大的潜力。"

你越是苦恼于自己的弱点，你就越有潜力成为强者。真正的内心强大是在你了解自己的弱点后才能获得的。**让我们找到自身的潜力，磨炼它，让它绽放吧！**

第 1 章

什么是内心的强大或软弱?

软弱是指被情感支配的状态

"我想让内心更加强大。"经常有人这么说。"内心"在这里指的是心理和精神状态,已经作为生活中的常见词被普遍使用。现在,连小学生也会问如何让内心变得强大。父母不教,反而孩子很感兴趣。

由于忧虑和压力而患上精神和身体上的疾病,无法上学或工作的人数正在大幅增加,这使得心理健康护理成为一个重要的社会问题。我认为,**我们生活在一个非常需要获得精神力量和心理调整方法的时代。**

在我们谈论如何让内心变得强大之前,让我们先来谈谈软弱。

是什么让心灵变得软弱?你什么时候觉得内心软弱、精神脆弱?

比如:

当参选学校社团或学生会的成员时,虽然想说"我想做",但又害怕别人的眼光;

很容易被老师或朋友说的话所伤害，总是忍不住回想，并不停地责备自己；

不能集中精力学习时，本来想拿起手机换换脑子，结果发现自己看视频或玩游戏停不下来，无法再学习了；

在体育或音乐方面，平时能够努力练习，并取得好成绩，但到了比赛或表演时，就会紧张犯错，一到关键时刻就不能发挥出最佳水平。

懦弱，缺乏勇气，太敏感，抗打击能力差，意志薄弱，抗压能力差……事实上，这些都是内心软弱的表现。

其他还包括：

缺乏毅力，坚持不下去，过早放弃；

很容易被周围人的意见和想法所左右，缺少主见；

想法总是很消极；

容易发脾气。

这些时候你也可能会感到软弱。

我刚才举的例子，似乎每一个都不一样，但它们都有一个共同点。你能猜到是什么吗？那就是，它们都**由当时的情绪和感受所驱动**。当时的情绪波动是如此强烈，以至于扰乱了理性的思考，阻碍了自身朝着原本希望的方向发展。

内心软弱意味着控制情绪的能力较弱。

心灵不该感情用事

首先，情绪和情感是一阵接一阵的，而且会起伏波动。每个人都一样。情绪和情感并不是我们有意识地创造出来的，而是由大脑对外部刺激的反应触发的。它们不是从我们的内心自然产生的。

每个人在早晨起床后都会照镜子，洗脸。当你发型整洁时，你会感觉很好，不是吗？如果早上不梳好头发，你会觉得有点儿不舒服。睡乱的头发不是我们有意识地创造出来的，而是某种睡姿偶然造成的。因此，睡乱的头发也可以被看作一种外部刺激的产物。

你不必为几根头发而感到不安。它只是让你有点儿心烦罢了。你设法整理好头发，当你听着最喜欢的音乐去上学时，心情逐渐好转。喜欢的音乐带来愉快的刺激，使你的情绪变得更好。

这时，手机上出现一条信息。它说了什么？当你看着它时，心情又发生了变化。如果是一个好的、令人愉快的消息，你就会感觉良好；如果是你不喜欢的内容，你就会生气、难过，甚至感觉受到了伤害。

情绪不会无中生有，它是在你遇到的事件和与他人的关系中产生的。根据一位脑神经专家的说法，**情绪就像你养的一只不受你的意志支配的动物**。这只动物自己走来走去，你被它拖拽，难以控制，缩手缩脚，这就是被情绪裹挟的状态。

当你被情绪支配时，"我想这么做"的态度就会被动摇。

情绪会随着外部的刺激而变化，没有一致性或连续性。

你存在的意义受到了威胁，你感到心中不自在。

你会感到困扰和矛盾，而且会很累。

有些人喜怒无常，说什么或做什么完全取决于当时的心情。他们总是说："我之前可不是这样说的，怎么会变成这样呢？"他们受到情绪的驱使，言行没有一致性或连续性。

喜怒无常的人很难相处，和他们在一起会觉得很累。不过，你只需要把这种状态看作是他们被情绪裹挟，就能理解了。

"心灵难道不是以情感为中心的吗？"

你要是这么想就错了。**心灵不应被情绪和情感所左右。**

平衡好智、情、意

如何才能做到内心强大？在讨论这个问题之前，我们先来谈谈心灵的三个基本概念。那就是智、情、意——理智、情感和意志。心灵可以被认为是理智、情感和意志的统一体。

智（理智 / 理性）——思考的心

情感，尤其是情绪，是对刺激的第一反应，而智是头脑思考的基础。有了智，我们才能思考怎么行动。智的作用是思考，认识事物，进行逻辑分析，并判断一件事是对还是错。做出冷静决定和控制情绪是智的功能。

情（情感 / 情绪）——感觉的心

情能让我们迅速感觉到变化和差异，并作出反应。情绪瞬息万变，来势凶猛，容易爆发，所以需要控制。如果感知能力过于迟钝，会带来风险和麻烦。但如果感知能力过于敏锐，感知到的太多，也会给我们带来痛苦。

意（意志/勇气）——行动的心

意是指意志和勇气，是将智和情整合后进行判断并采取行动的基础。即使能冷静下来做出正确的决策，如果没有把决定的事情付诸实践，也不能说意志发挥了正确的作用。意是行动的心灵驱动。

思考的心、感觉的心以及行动的心，只有当这三者协同工作，我们才能有效地处理事情，保护好自己。**当智、情、意这三个要素处于和谐、良好、平衡的状态时，心才会安定。**

智、情、意不平衡的结果

当你应该集中精力学习时，你却在摆弄手机，无法静下心来。这时，大脑中发生了什么？

在我们的大脑中，边缘系统负责情感，前额叶皮质负责理性。大脑中，**负责情感的部分是本能的，比**

负责理智思考的部分反应更快。情绪化的大脑更喜欢做轻松愉快的事情,而不是让你感到痛苦的事情。这样的情感诱惑促使我们伸手去拿手机,想着"就玩一分钟"。

看视频、浏览社交网站或玩游戏要比学习有趣得多。即使你觉得"我必须停止",但情感上的享受超越了你的理智,让你无法停下来。原本你可能只打算玩一小会儿,但当你意识到该停下时,已经过了两个小时。

这是一种大脑的感性完全占据主导地位的状态。这时,无论是"我现在应该学习"的理性声音,还是"今天我要努力学习,准备考试"的意志力都没有发挥作用。

理智和意志无法控制情绪的爆发。

在智、情、意的平衡中,情感最常占据主导地位,但也有理智过多而情感不足的情况。有时候你会听到别人说:"那个人说得很有道理,也很对,就是有点儿伤人。"人们所说的这种人，情感意识薄弱，感觉迟钝，无法想象他人在某种情况下的感受，无法换位思考。

此外，由于他们总是很冷静，从不感情用事，所以会认为自己的判断是正确的，并坚持自己的主张。这种人常常具有一定的才华，但缺乏领导能力。

还有些人可以用智慧和理性思考，而且情感充沛，富有同情心，但缺乏采取行动的能力。为了将想法付诸实践，必须有不怕挑战、不因困难而气馁的决心。**这种意愿和勇气无法产生**，是因为他们的意志很薄弱。这也是一种智、情、意不平衡的状态。

为了调整心态，必须有意识地做到智、情、意三者的平衡。**意识到你目前欠缺的地方，并通过改变思维方式、日常习惯和行为进行调整**。照相机的三脚架、绘画的画架、乐谱架……这些大多是用三条腿来支撑平衡的。三点支撑是事物稳定的基础。心灵也应该在三根支柱上保持平衡及稳定。

通过身体来感受智、情、意

智、情、意是西方的概念，在东方思想中也有与之相对应的概念，被称为"知、仁、勇"。东方和西方的思维方式有很多不同，但对构成人类思维基础的东西几乎有着相同的理解。

我在研究身体时，接触到上、中、下丹田的概念。有观点认为，三处丹田与知、仁、勇有关，换句话说，它们与智、情、意有关。

拿出你的惯用手，把手掌放在额头上。这里是额叶，对应"智"。**口中念着"智"，把手放在额头上，然后问自己："我现在是在用理智冷静地思考吗？"**

接下来，**口中念着"情"，把手放在胸口，摸着心脏的位置，问自己："我能否富有同情心，真诚地说话和做事？"**

然后，**在念"意"的同时，将手放在肚脐下面，问自己："我现在的行为是否勇敢？"** 肚脐下面就是

智
（理智/理性）
＝
思考的心

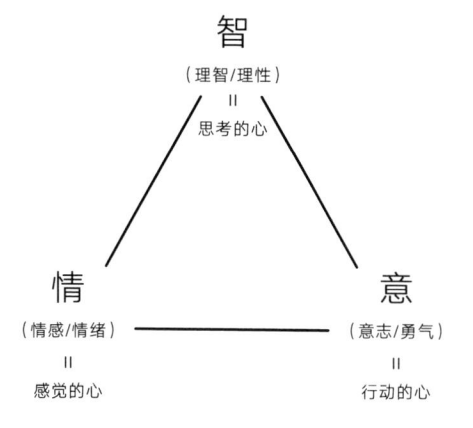

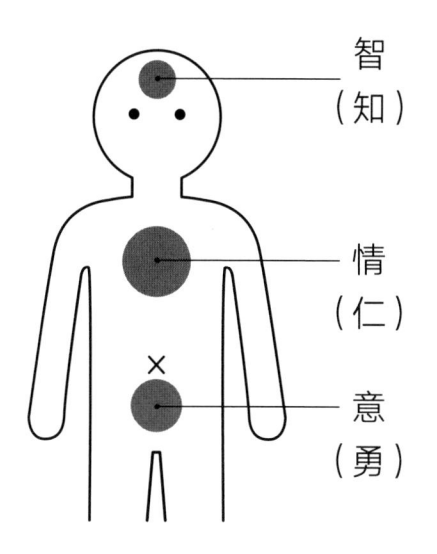

情　　　　　　　　　意
（情感/情绪）　　　（意志/勇气）
＝　　　　　　　　　＝
感觉的心　　　　　行动的心

智
（知）

情
（仁）

意
（勇）

通过身体来感受智、情、意

第 1 章　什么是内心的强大或软弱？　|　017

东方人所说的下丹田。日本人长期以来都认为，在这里注入适当的力量，就会有勇气和意志力产生。

大声说出"智""情""意"三个字时将手放在身体对应的位置，你的意识就会集中在那里，这样能帮助你平复心情。当你以这种方式自省时，将能够更好地区分三者，并看到你目前所欠缺的东西。

这很容易，尝试一下吧。

心灵通过经验获得成长

刚出生时，人脑只能处理本能和生理上的需求。婴儿不会说话和思考，当他们感到不舒服或害怕时，会通过哭闹让我们知道。**大脑中控制快乐和不适感觉的部分是本能的，从婴儿时期就开始运作，这是每个人天生就有的反应，甚至动物也有。**

另一方面，额叶中的前额叶皮质控制着边缘系统中产生的情绪，在人类的大脑中，这是一个高度发达的区域。每个人的大脑都有这种功能，但它的功能是否完善，取决于我们在成长过程中通过各种经验学到多少东西。

你还记得吗，小时候你是否曾被教导：

"即使你想要，也不能拿其他孩子的东西。"

"不要只顾自己享受，要让周围人都能获得乐趣。"

"做完作业后才能玩游戏。"

"不要在火车和公共汽车上乱跑。把座位让给老人和残疾人。"

……

你被教导不要只考虑自己的感受，而要学会控制自己的情绪。

边缘系统和前额叶皮质之间频繁的信息交流促进了情绪的调节。而控制情绪带来的积极结果和愉悦的感受形成了正向反馈，又再次激活了调节的过程。

能够控制情绪是一个人成长的标志之一。在成长

的过程中，情绪控制的能力通过各种经验得到加强。大脑控制情绪的功能是天生的，而控制理智和意志的功能却不是天生的。没有人天生就能在智、情、意之间取得平衡。没有人天生就拥有强大的内心或精神力量。**心灵是通过经验获得成长的。**

有一个童话故事叫《绿野仙踪》。这是一个关于主角多萝西和她在旅途中遇到的各类朋友的冒险故事。他们刚见面时，每个人都想要获得一样东西。稻草人说他想要一个大脑，希望用聪明才智去思考和了解一些东西。他想要智，也就是会思考的头脑。铁皮人说他想要一颗能感受事物的心。他要的是情，是一颗有感觉的心。接下来是狮子。作为百兽之王，狮子原本应该令人敬畏，但这头狮子却是个懦夫。它想要勇气和力量。它要的是意，是行动的心。多萝西希望他们每个人都能获得想要的东西。

最终，他们实现了各自的愿望。但这些不是巫师给的，而是他们通过冒险之旅中的种种经历，互相帮助，克服困难，在不知不觉中获得的。而最初不可靠的伙伴们，也在不知不觉中变得成熟起来。

心灵的成长是通过经验获得的。通过了解和思考在不同的情况下该怎么做，我们获得了应对技巧，这成为我们的智慧，最终变成我们在现实中生存的勇气和力量。

这不是性格的问题，而是心灵的癖好

我发现，顶级运动员和天才运动员的心理素质如此之强，以至于令人惊叹。但他们并不是从一开始就能做到内心强大。例如2019年退役的铃木一郎，他被誉为日本有史以来最好的职业棒球运动员。他的意志力让人钦佩，但即使是他，也不是生来就有强大的心理素质。铃木一郎在职业棒球领域遭遇过失败、挫折和瓶颈，在各种充满痛苦和挣扎的经历中找到了自己的方向，形成了个人独特的行事风格。

有些人希望有一颗坚强的心，但他们认为："我的性格软弱，所以我……"这些人只不过陷入了固定的思维模式。性格常给人难以改变的印象。"因为我的性格是这样"就像一个咒语，让人感到退缩。

大多数被称为性格的特质其实是心灵癖好，如思维模式和行为习惯。只要你想改，就可以做出改变。渐渐地，你的心灵癖好就会发生变化。

敏感的人会注意到很多事情，往往更容易紧张和受伤。敏感的个性不容易改变，我们很难让一个敏感的心灵不那么敏感。但你可以改变思维方式，使自己不那么在乎发生的事情。

你必须改变那些使你无法理智思考的心灵癖好。通过有意识地改变感知事物的方式纠正过度担心和拖延的习惯。例如，没有收到朋友回复，他们甚至没"读"你的信息，不要想："我是不是说了什么奇怪的话？"或："也许他们不喜欢我。"而是要想："他们现在可能很忙。"

即使不改变敏感和容易紧张的性格，也可以用这种方法减少压力，大大减轻心理负担。**即使性格没有改变，只要你的思维方式和行为习惯发生改变，你的精神状态就会发生变化。**

即使有时候你怀疑自身的软弱是性格造成的，你也不应该认为"性格使然，我也没有办法"。要想内心强大，你需要清楚地意识到调整自己心态的重要性，并积极采取行动。

负面情绪也有存在的意义

讨论心理问题时，人们经常使用"积极"和"消极"这两个词。积极的意思是正面的或乐观的。消极是积极的反义词，意思是负面的或悲观的。任何事情都可以是积极的或消极的，这取决于你如何看待和感知它。

例如，"狂妄"可以被视为"果敢"。"狂妄"听起来是一个缺点，但"果敢"却是一个优点。同样，"固执"可以被视为坚韧，"不安分"可以被视为积极，"爱管闲事"可以被视为关心他人。通过改变看待事物的方式，同一件事也可以变得不同。

倾向于对一切事物产生消极、负面或悲观思考的人有消极的思维习惯。**改变这种习惯的关键在于不把事情想得太消极，尽量积极地看待问题。**

注意，积极思考并不意味着压制负面情绪。负面情绪是指消极的感觉，如愤怒、仇恨、悲伤、焦虑、恐惧、嫉妒、绝望……不要试图压制这些感觉，不要因为它们是负面的，不好的，就想让它们消失。

负面情绪也有其自身的意义，这源于我们的生存需要。据说在所有负面情绪中，焦虑和恐惧是最本能的。假如我们感受不到焦虑和害怕，是不是就能过上平和幸福的生活呢？

不一定。如果一个人的大脑因疾病或事故受损，额叶的某一部分受到影响，他可能会感觉不到任何焦虑。但他并不会因此过上幸福的生活，因为他将丧失处理日常事务的能力。比如，他会意识不到开着炉子是一件很危险的事。他会忘记灶上的火还在燃烧。他的大脑不再试图去记忆，因为它没有意识到已经点了火，所以必须要小心。这样的人也不能遵守交通信号灯的指示，因为他不知道闯红灯很危险。

焦虑和恐惧是警报器，警告我们有危险和不好的事情会发生。 因此，如果我们完全感觉不到焦虑，那么当危险来临时，我们将无法辨别，我们将缺乏安全生活的能力。只有当焦虑和恐惧的感觉被唤起时，各种思维反应才开始启动，从而让我们避开危险。

像仇恨、嫉妒和绝望这些我们唯愿它们消失的情感，同样有其存在的意义。品尝它们，我们能够感受深切的痛苦，我们开始思考怎么应对以及怎么避免再次经历，我们还会因此产生对他人的同理心。

体验各种情感会让我们的心灵得到拓展，内心变得更加丰富。 因此，情感本身不应该被否认或强行压制。控制情绪指的是在情绪平衡被破坏后重建心灵的情感平衡。情绪无法自我控制，所以你必须用理性、意志力，以及思想、行动力来调节它们。

不必始终保持积极

有些自认为消极的人总是想方设法让自己积极起来，但实行起来却困难重重。其实，**没有必要总是那么努力地保持积极的态度。**负面的情绪纵然不好，但否认它们只会导致更多的负面情绪。

"我竟然有这种情绪，我真差劲。"

"我连这都做不到，真糟糕。"

这样一来，我们就会进入一个恶性循环。强迫自己压抑情绪会引起反弹，从而导致精神疾病。我想要告诉大家的是，有了负面的情绪也没关系，我们应该正确面对并接受它们的存在。

我相信，**在消极和积极之间存在着一种中间状**

态。这是一种中立的状态，是一种不偏向任何一方的状态。如果很难一下子把消极的感觉变成积极的感觉，你可以告诉自己："**暂且回到中间状态吧。**"

比如你没有通过考试，这时候感到压抑、悲伤和痛苦是很自然的，没有必要压制这些感觉。你可以感到沮丧，尽情地哭泣。然而，永远沉浸在这些悲观的情绪里，你就无法前进。**你可以发泄完负面情绪，让自己回到中间状态，既不停留在消极状态，也不强迫自己马上积极起来。**

首先，你必须停下来，在中间状态下恢复平静，接受考砸了的事实，肯定现在的自己，并以新的面貌向前看。

有一天，一个乌兹别克斯坦的朋友在聊天中告诉我："我和女朋友分手了。"我回复说："你一定很伤心吧？"他笑着说："我现在已经没事了。巴士会再来的[1]！"

---

[1] 指还会有下一个女朋友的，类似于"面包总会有的"。——译者注

你不必一下子变得积极起来，只需先恢复到中间状态。你会发现，通过这种自然的方式调整内心情感并不难。

拥有韧性而不是强度

在本书的开头我说过，我希望你拥有的不是像钢铁一样的强度，而是像柳树一样的韧性。钢铁精神比喻一种不易被破坏的强大精神力量。但**实际上钢铁很容易受到意外冲击而断裂**。作为一种材料，硬度的增加意味着强度的增加，但另一方面，它失去了韧性。如果施加超过承受极限的强大外力，它就会断裂。

在建造房屋时，人们会根据使用目的采用不同硬度的钢材，使房屋的结构兼具强度和韧性，这样才能应对外界环境带来的各种冲击。在地震和台风时有发生的地方，为了应对这些突发性自然灾害，建筑设计师必须考虑到钢材强度和韧性的平衡。

人也是同理。如果我们一味关注让内心变得强大，认为无论如何不可动摇，状态过于紧绷，那么一旦我们遇到意想不到的困难，受到稍大一点儿的打击，就容易崩溃或倒下。

不管面对什么样的情况，都要一边接受一边想办法，这样，即使受到巨大的打击也有办法恢复原状。

将心灵恢复到原来状态的能力被称为复原能力。

拥有坚定的信念当然不是一件坏事。然而，我们生活的世界总在不断发生变化。随着环境的变化，我们得相应地改变思维方式。"坚持信念"听起来不错，但也意味着坚持一种思维方式不变。而坚持一种思维方式就是故步自封。

更新你的内在认知，磨砺你的感知力，不断思考如何应对变化，并重建自己的精神世界。要做到这一点，韧性很重要。有时，人们说一个人如钢铁一般并非赞扬，而是带着一点儿厌恶，因为他们是在说这个人麻木不仁，不顾他人。

这不应该是你追求的强大。心意是眼睛看不见的，但一个人的心意会通过他的态度和语言传达出来。这里面是代表理性思考的知在起作用吗？是否有代表诚心和诚意的仁存在呢？还是有勇使你以正确的意志勇敢地行事？

我希望真正的内心强大是同时拥有知、仁、勇这三个要素。

调整心态从改变行为开始

我在前面说过，调整心态的一个方法是纠正**心灵癖好**，换句话说就是**改变思维方式**。实际上，还有另一种方法，那就是改变行为。

通常，人们在感到开心、快乐的时候会微笑。而当事情进展不顺利，遇到问题或困难，处于悲伤、沮丧的情绪中时，我们不会微笑。在后面这些情况下，你不妨**活动一下肌肉，做出微笑的样子**。具体做法是：

①转动肩胛骨，使紧张的肩部得到放松；

②按压紧绷的太阳穴，使它放松；

③抬起你的嘴角，像微笑时那样活动你的面部肌肉。

即使不是发自内心地微笑，而是通过身体完成微笑的动作，大脑也会缓解你的焦虑情绪，不再触发焦虑的警报，从而让情绪平静下来。当你不再因为内心不安而惊慌失措，就可以冷静地思考接下来该怎么办了。

有心理学实验表明，只要轻轻叼着一支筷子，嘴角就会上扬，从而使整个人变得积极向上。

即使你感到没有干劲儿，根本无法集中精力学习，**也不要坐等干劲儿出现**，试着解道数学题，或背一背英语单词吧，你得想**"反正这十五分钟也做不了其他事情"**。与其焦虑地思考，还不如直接干点儿什么。如果你坚持做了十五分钟，就不会再分心，之后就能继续学习了。

不要等着干劲儿来找你，**要自发地行动，创造干劲儿**。如果你很容易感到无聊，那么可以按照我上面所说的，哪怕只抽出五分钟来做一件事，只要五分钟就能改变你的思维。

记住有两种方法可以调整你的心态：改变思维方式和改变行为。

内心强大的人往往很沉稳

当我与那些各自领域中的佼佼者或成功的企业家交谈时，我经常得到这样的印象：他们既聪明又强大。这种聪明不仅指他们善于学习，或者拥有良好的教育背景。**它是指有足够的智慧，知道怎么调节自己的心态，并能将想做的事情付诸实践。**

控制自己的情绪，并进行自我调节，意味着知道自己缺乏什么以及需要做什么来让自己回到正轨。无论发现自己处于什么情况，如果能及时作出调整，就没有必要着急或哀叹，只要平静地去做就好了。

那些在人生的惊涛骇浪中积累了足够多精神力量的人，往往都获得了这种思维和行为方式。因此，他们能够非常冷静地思考问题。

此外，我经常在这样的人身上**感受到沉稳**。他们非常讨人喜欢，因为他们在与人交往时总能保持一种沉稳、开朗和平和的态度。

想一想，你会发现做到这一点并没有那么难。如果能消除心理不稳定的状态，增加稳定状态的次数，心态平和的时间就会变得越来越长。

我认为，一个真正内心强大的人是善于自我控制的人。我对他们的定义如下：

①知道如何调整自己的心态；

②有实际调整心态的能力，即复原的能力；

③能随时保持冷静和稳定的心态，不受情绪的影响。

十几岁的青少年可能还认识不到冷静和稳定的心态就是力量。他们往往认为，说想说的话、有力地反击他人似乎更重要。然而，**内心强大不是为了与其他人竞争**。这是一场与自己的战斗，是为了战胜自己、征服自己。因此，**如果你在任何情况下都能及时调整自己的心态，精神饱满地面对困难，这就是一件非常了不起的事**。

如果具备了这种心态，你就能说出你想说的话。无论人们对你如何评头论足，你都能坚持自己的立场。希望被视为强者的人往往盛气凌人、虚张声势，但真正的强者并不关心别人怎么看待自己。

如果你表现得很沉稳，周围的人也会很平静。反过来，当你希望别人平静下来，自己就要先表现得很沉稳。

我经常说，任何时候都要保持好心情。**这么做不仅利于与其他人沟通，还有助于调整自己的心态**。即使遇到不愉快或不顺心的事情，也不要让它们影响你的心情，而要努力保持沉稳平和的心态。

如果你时时刻刻告诉自己"在任何时候都要保持好心情"并且身体力行，你就会变得越来越沉稳。当你碰到一件不愉快的事情，记得先让情绪回到中间状态，使负面情绪渐渐平复，避免将心理负担带到第二天。慢慢地，你的心态就会变得越来越平和。

内心强大的秘密就藏在平和、沉稳的心态和好心情里。

不要让内心的火苗消失

"哦，天哪，我的心态崩了……"人们常常用"心态崩了"来描述因受到深层心理创伤而丧失斗志的情感状态。相传这个说法最先在格斗竞技的选手中使用起来，来描述给对手的打击。

一直在紧张训练的运动员如果失去了斗志，就无法进行比赛。斗志是动力和活力之源，一旦受到损害，他们就很难站在赛场上一争高下。我相信，**丧失斗志的感觉就像心中激情的火焰被熄灭了一样。**

你有没有生过篝火？现在生火很容易，因为我们有很多便捷的点火器。但如果你生活在古代，生火可能是一个相当大的挑战。你需要费尽心思点燃火苗，然后用木头或木炭把它烧旺。在这个过程中，确保火苗不熄灭极其重要。

在我们的心中燃起一个火苗也很重要。 智、情、意中的意，指的是意志和行动的力量。如果心中没有激情，意志就无法产生。**如果你对一件事很冷淡**，心想"我对这个不感兴趣，我不想做"或者"反正对我来说不可能"，**你就会缺少行动的意志。** 你也可能会想，"这次可能不成功，但我打算试一试"。即使大脑中曾经闪过这样的想法，但如果缺少激情，要付诸行动也很难。

始终在你的心中保留一簇热情的火苗吧。 你必须让它在心中持续燃烧，这样才能在你想做点儿什么的时候，让小火苗烧成热情的熊熊烈火。

那么，如何才能让激情的火苗在心中持续燃烧？**你必须有一些热爱的东西。**

铃木一郎在他的退役新闻发布会上说了一段话，作为对儿童的寄语。他说："不一定是棒球。它可以是你起初就感兴趣的东西。如果你找到自己热衷的事情，就毫无保留地把精力投入其中吧！我希望你尽快找到它。如果你找到了，我想你就能面对挡在面前的种种困难了。如果你没有找到，当困难出现的时候，你可能就会放弃。我希望你尝试各种事物，找到真正喜欢的东西，而不是别人认为适合你的东西。"

铃木一郎很早就找到了他所热衷的事物——棒球。从上小学开始，他就对棒球充满了热情，梦想成为一名一流的职业棒球运动员。**他心中激情的火苗是如此强大，足以激起他的干劲儿和能量，使他对棒球的热爱之火熊熊燃烧。**

你可能还没有发现自己热衷的事物。你们中的许多人也可能觉得:"我现在喜欢它,不代表以后还会一直喜欢它。"那也没关系。**坚定地对你目前热衷的事物充满热情,它就是你内心的火苗。**

什么样的事情让你觉得有激情?什么让你此刻感到激情澎湃?请记住:心中有火苗的人,能够以更大的热情和动力来做一件事。如果你想找到振作起来的动力和能量,就不能有一颗冷漠的心。

第一章
摘要

-1-

不要被情绪冲昏头脑!

-2-

心灵的平静是由智、情、意的
平衡来调节的。

-3-

通过改变思维和行为来
调整心态。

第 2 章

如何更好地应对失败？

我们为什么害怕失败？

本章，我们将要讨论失败。没有人喜欢失败，每个人遇到失败都会感到失望和沮丧，但这些情绪对人的影响因人而异。有的人并不那么介意，失败后可以立即调整方向；有的人深感沮丧，一蹶不振；也有一些人即使深感沮丧，也会积极思考，吸取教训，将失败看作成功之母；还有一些人从此变得消极，心想："我可不想再受打击，不如什么都不做。"

为什么会有这些差异呢？

如果你读过第一章，就一定知道我的意思。这不是性格上的差异，而是心灵癖好。拖拖拉拉的人，特别是那些害怕失败的人，有一种习惯，就是在不知不觉中对事情进行消极思考。**他们只关注到因失败而可能发生在他们身上的坏事。**

失败不是一件值得高兴的事，但也不总是那么糟糕。为了让大家明白这一点，我们先来看看几个失败达人的故事。

真了不起啊，失败了那么多次！

你知道篮球明星迈克尔·乔丹吗？他是美国职业篮球联赛（NBA）历史上最伟大的传奇球员。他在篮球界就像一个神。乔丹曾说："我曾经有9000多个投篮没中。我输过300场比赛。队友希望我在比赛中投下决定性的一球，但我多次失手。在生活中，我也犯过很多错误。这就是我能够成功的原因。"

在日本和美国合计实现第4000支安打时，棒球运动员铃木一郎发表了以下言论："为了获得4000支安打，我失败了8000多次。我为自己感到骄傲。"

一位写出许多热门歌曲的著名作词人曾经说："人们称我为金曲制造者，但我也有很多不出名的歌。人们只知道那些我卖出去的歌，却不知道更多的歌无人问津。很多人可能觉得难以置信。"人们熟知的歌曲只是他实际创作的歌曲中的一小部分。他说，他作的曲并不总是成功的。

大村智于 2015 年获得诺贝尔生理学或医学奖。大村博士是一位化学家，他专注于研究从微生物中寻找预防和治疗传染病的措施。大村博士说："成功的人不会谈论他们的失败。但他们的失败比其他人多两倍或三倍。你不能想'我这样做会不会失败呢'，相反，你必须不断提醒自己，'我不怕失败，我要去尝试'。失败一两次很正常，没什么大不了的。"

即使是伟大的人也不一定总能成功，他们有很多失败的例子。他们成功的秘诀在于，即使遇到困难，也会继续挑战自己，最终取得好成绩。这在任何领域都是一样的。**每一个取得惊人成绩的人都曾有过惊人数量的失败。**

没有浪费的经验

有一家英国家电设计制造公司叫戴森，因其双气旋真空吸尘器而闻名。其创始人詹姆斯·戴森在成功发明出这种双气旋吸尘器之前，制作了一个又一个模型机，然后一次又一次地对其进行改进，直到第5127个模型机达到他的要求。

那么，成功只属于第5127号模型机吗？绝不是这样。**第5127台机器是在所有失败的基础上获得的成果。戴森说，正是因为有了前面的失败，他们才能获得最终的成功。**

世界上第一台双气旋真空吸尘器取得了巨大的成功。该公司现在不仅为全世界提供吸尘器，而且还是其他多种电器的制造商，而所有这些电器都拥有开创性的设计和优异的性能。

戴森知道永不放弃的重要性。无论经历多少次失败，他都没有放弃。他说："在学校，我经历了最多的失败。**我认为学校应该把最高分给那些有过最多失败并克服了它们的人。**"

戴森十分欣赏的发明家托马斯·爱迪生曾经说过这样一句名言："**我没有失败，我只是发现了一万种可能出错的方式。**"爱迪生说这些话时正在试验用不同的材料制作白炽灯的灯丝。

戴森说，这句话让他大受鼓舞。科学的态度就是提出一个假设并反复测试。如果某种方法不起作用，它并不代表失败，因为它让我们知道这样不行，这是一种进步。在某种意义上，你已经排除了一种可能性。所以这一切并不是徒劳的。

否认失败，就不会有伟大的发现和发明

2015 年，大村智博士因发现阿维菌素被授予诺贝尔奖。他和他的同事们找到了用阿维菌素治疗热带地区寄生虫感染症的方法，拯救了非洲和拉丁美洲的

数亿人。这一菌素是大村智在日本静冈县伊豆一个高尔夫球场附近的土壤中"偶然"发现的。但他并不是随随便便发现的,在这个"巧合"的背后,有着大量的积累工作。

为了收集微生物,大村博士总是随身携带一个小塑料袋,从不同地方收集土壤样本,然后将这些土壤带回实验室分离,并进行细菌分析。他每年要收集大约 2500 种植物,分离其中的细菌,对它们进行培养和检查,看它们是否可以被利用。

细菌的种类繁多,但大多数细菌不能被利用。因此,大村智的多数实验都以失败告终。即使找到了有潜力的物质,也需要五六年的时间才能验证它是否真的有用。用这种物质制造出一种药物又需要很多年。但大村智坚持不懈地研究,终于发现了阿维菌素——后来被称为"神奇的药物"。

敢于面对无数次失败并坚持不懈地努力,正是这种态度为他带来了伟大的发现。如果他放弃了任何一个微小的可能性，令人愉快的"巧合"就不会发生。

在科学研究的过程中，经常会出现这样的情况：偶然发生的事情引发了重大的发现或发明。

青霉素是一种对细菌感染有治疗效果的抗生素，它是在研究一种叫作金黄色葡萄球菌的细菌时被偶然发现的。当时在该细菌的培养皿中长出了蓝绿色的霉菌。造成霉变是一个可怕的错误，但人们发现这种蓝绿色的霉菌分泌的液体具有杀死有害细菌的能力。世界上第一种抗生素——青霉素由此诞生。

一名工程师在用微波发射器做实验时发现口袋里的巧克力融化了，这使他想到微波可以用于烹饪，于是他发明了微波炉。

在美国的亚特兰大实施禁酒令时期，一名药剂师发明了一种糖浆，作为酒精替代品和止痛剂。这种糖浆在饮用前需要加水稀释。有一次，糖浆被误加了苏打水，于是可口可乐就这样诞生了。

把失败看成成功的一环

以上所有例子中的发明与发现都是在试图弄清另一些事情的过程中偶然发生的。然而，如果研究人员和开发人员没有意识到这些"巧合"多么有趣，他们的发明就不会出现。**他们没有把所发生的事情当作微不足道的失败，而是从中找到了意义和价值，继续接受挑战，结果取得了意想不到的成就。**有许多事情就是在失败中碰巧发生的。

"**麻烦是发现下一个新世界的大门。**"这也是发明之王爱迪生的话。爱迪生之所以能够在一生中完成1300多项发明和技术创新，是因为他曾面临非常多的挑战。

失败带来的成就确实令人惊叹。我认为，如果说成功是结果，那么失败就是走向成功的过程。换句话说，**失败不是成功的反面，而是通往成功的一个环节，是一个还没有达到成功时的阶段**。我们应该充分认识到这一点。

坚持不懈，持之以恒，最终我们就会收获成功。仔细想想，因为失败而半途而废是一种浪费。

"成功"用英语怎么说？success。这个词来自拉丁语，意思是"下一步"。成功是接下来的事情。因此，处于失败的状态时不要轻言放弃。

敢于犯错并一笑置之的人往往进步迅速

在我经常去的一家商店里，有一个外国店员。起初这个人根本不会说日语，但在六个月左右的时间里，他的日语进步非常快。我觉得很了不起，就问他："你是怎么学会说日语的？"

他说："**我尽量多说，出过很多错，还经常闹笑话。**"即使说不好，他也会继续说，不介意犯错。如果有人告诉他："这样说不对。"他就回答："哦，说错了！"然后和对方相视一笑。他说错时就会有人纠正他："在这种情况下，你要这样说。"就这样，他的日语越来越流利。

那家店还有一个外国店员，来日本的时间比前一位店员更长，但日语能力远不如他。因为她很害羞，不愿意多说话。这种态度上的差异拉开了他俩的语言差距。

我认为，**多说、多错、多笑，这是提高语言能力的一条铁律**，也是对待失败的一个良好的态度。

要有犯错的勇气。正是因为犯了错误，才能从错误中学习，吸取教训。只有当你觉得犯错是件好事时，才不会因为犯错而感到尴尬。这就是为什么有人可以愉快地一笑置之，并不放在心上。

害怕失败会让人错失良机

我教的一个大学生曾在高中时参加了一个澳大利亚短期留学项目，体验了为期两周的家庭寄宿生活。

他给我讲了下面这个故事。

当时,他们有很多机会与当地的高中生交流,但同行的许多学生只和日本学生交谈,不愿意用英语和当地人交谈。虽然他对自己的英语没有信心,但他觉得如果在这里不说英语,千里迢迢来到澳大利亚就没有意义了。于是他鼓起勇气和当地的高中生说话。慢慢地,他变得越来越自信,不再为说不好英语而感到尴尬,他想说英语的欲望也越来越强。两周的短期留学经历给他带来的最大收获是,即便说得不好或犯了错误,他也不再为说英语而感到尴尬了。从那时起,无论是对英语,还是对许多其他事情,他都不再感到害怕。

许多人可能认为害羞是天性,但实际上只是因为不习惯。如果总是想"讲得不好多尴尬呀"或"我可不想失败",你就会错过练习英语、在学习的过程中改正错误的机会。

因为害怕失败而逃避挑战会使你距离成功越来越

远。犯的错误越多，尝到的失败越多，你就会对失败习以为常。一旦习惯了失败，你的态度就会发生变化。你将不再害怕犯错，你的世界也将变得越来越广阔。你会变得更有胆量，越来越想展翅飞翔。

经历大量的失败，你就会变得擅长应对失败。这是处理失败的正确方法。

害怕失败是一种心灵癖好

我说过，对失败的恐惧是一种心灵癖好，这背后是潜意识在作祟。**很多人有一种强烈的先入为主的观念，认为失败是坏事和不应该发生的事。**那些从小受到严格管束的人，常常被告知不要做这个或那个。

"不要这样做！"

"如果你那样做，就会失败，陷入困境。"

他们没有养成自己做决定的习惯，常常被警告不能犯这样或那样的错误。害怕犯错的意识在他们心里根深蒂固，从而变得故步自封。

此外，**脸皮薄，担心犯错时被别人看到，害怕出丑**也是一个原因。如果你犯了一个错误，但没有人看见或知道这件事，你可能会想"哦，糟了，我怎么会这么做"但不会感到羞耻。

羞耻是因为过于在意别人看你的眼神和对你的态度。你感到难为情，因为你认为别人看到了一些不利于你或让你丢脸的事。你心中的羞耻和尴尬不断积压，因为你觉得人们会嘲笑你，把你当傻瓜。

因此，**你不仅被失败的事实所伤害，还会被失败带来的羞耻感伤害**。即使没有亲身经历，只是看到别人的遭遇，你也会记住它。所以在你看来，失败就等同于不愉快或不好的事。

这些负面的记忆和潜意识对你耳语："失败是一件坏事，失败会伤害你。所以，不要失败……"如果没有失败，我们就不会感到难过。这种情绪会及时给思想踩刹车——"要失败了，快停下"，使人无法接受挑战，采取积极行动。

人一旦害怕失败，自我保护的本能就会产生过度反应。

在不安和安全的狭缝之间

我们的生活建立在不安和安全的平衡上，没有绝对的安全和保障。我们永远不知道什么时候会发生自然灾难，什么时候会受到新病毒的威胁。我们每天都生活在变化之中，永远不知道什么时候会遇到新的事物。

我们都有一种自我保护的本能，试图保护我们免受危险。这种自我保护意识对确保自身的安全非常重要，**但我们也需要足够的勇气接受新的挑战，而不是对危险过于恐惧。**

如果你说"我不做是因为我担心"或"我不想做，因为它可能有危险"，你的世界将变得越来越有限，越来越狭窄。

美国心理学家马斯洛在他的《需要与成长：存在心理学探索》一书中说，人们通过克服失去安全感的恐惧获得成长的勇气。"我想更多地挑战自己！"这就是勇气。

如何在不安和安全之间取得平衡？如何调整自己？如何控制恐惧和焦虑的情绪，保持一个平和的心态？

是的，通过使用智和意的力量。为了疏导"我很担心""我很害怕""我不想出丑""这是不可能的"等情绪，我们必须**运用理性和智慧来思考和行动**。你会意识到："看，我做到了。我并不害怕。"接着是："我很高兴！这种感觉真好！"

这是拥有好心情的最佳方法。如果你能做到这一点，就会获得极大的安全感和行动力。

尝试某事时，**如果做好它的乐趣超过了自身的焦虑和恐惧，你就不会害怕尝试新事物**。这可以成为克服害羞的能量源泉，也可以成为不被困难吓倒的力量。在不安和安全之间，我们一步一步地学习应该做什么，同时保持智、情、意之间的平衡。这就是人生的功课。

假设失败发生

从现在开始，我想谈谈如何通过改变思维习惯提高对失败的抵抗力。我说过，应该把失败看作通往成功的一个环节。失败不是可能会发生的事，而是必然和应该发生的事。

害怕失败的人常常说："如果失败了怎么办？"你只需回想一下你在练习中或在准备阶段的表现。假设你总共做了十次，每次都很顺利吗？如果十次中有五次没有做对，那么做对的概率就是50%。如果你从一开始就预料到两次中会有一次失败，就不会对自己期望太高了。

认为没有充足的准备也能轻易获得巨大的成功，这种想法就太天真了。即使是那些练习了十次、二十次、三十次，而且每次都做得很好的人也不能保证自己能获得成功。

如果你预感会失败，且失败是不可避免的，那么它就没那么可怕了。如果从一开始就有心理准备，当你真的失败时，就不会感到那么糟糕。其他事情也一样，如果你有一个合理的预期，就不会那么害怕。

用已故棒球教练野村克也的话来说，**棒球是一项积累了很多失败的运动。**

一个击球手的打击率达到 30% 就已经很了不起了，但这意味着他在 70% 的时间里是失败的。棒球是一项积累了很多失败的运动，因为这项运动是靠命中率很低的击打来得分的。投手会尽力投出好球，但即使是最好的投手也不可能一直投出好球。如果不努力去打那些坏球，那么击中球的概率就会变小。

对于投手来说，即使你能投出大量好球，一旦它们被安打，就不会获得胜利。

如果老想着"如果我失败了……"，就不可能成为一名优秀的棒球运动员。你需要做的是，提前考虑到哪里可能会出错，并思考如何减少出错，以及在失败后如何迅速恢复到最佳状态。

将自我与失败的事分开

容易犯错的人有以下几个特点：

· 容易感到羞愧和受伤，不想再见到任何人，不想去学校，变得十分沮丧，畏首畏尾；

· 因为犯了错误而觉得自己很没用；

· 因为失败而丧失信心，认为再试一次也不会成功。

很多时候，我们在乎的是"自己很失败"这件事，而不是失败本身，并进入自我否定模式。然而，已经发生的事情是无法改变的，时间不能倒流。就算你感到懊悔，一再反省自己所做的事情，也未必能找到解决办法。

这时，你应该换个方向。无论你感到多么羞愧、后悔、自我厌恶……都请暂时把它们放到一边。不要让情绪占了上风，而忽略了事情的本质。你**需要面对的不是自己的感觉，而是如何从失败的伤痛中走出来，思考"我现在能做什么"**。

失败并不能说明你不够好，而是告诉你不能这样做。千万不要因为失败而否定自己，一定要把自己和失败的事分开。如果你认为"我不好"，就很容易觉得"我不行"。希望你意识到自己只是这次没有做好，下次改变做法就可以了。

不要把失败归咎于你的性格，而要具体思考是什么地方出了错，以及如何能做好。当你专注于所做的事，并为此做出改变，就会把自己从被情绪裹挟的困境中拉出来，而无暇再去纠结错误本身。

用成功刷新失败

失败后，你需要做的是专注于现在。**审视什么地方出了问题，改变做事的方式，再试一次。**如果这一次成功了，那么以前的失败就不再是失败。因为失败的经验得到了利用，成为成功的必要条件。

如果再次尝试也失败了呢？这是可能发生的。**如果不成功，你只需进一步修正，再试一次。**不断尝试和犯错，直到最终取得成功。试错会帮你一步一步走上通往成功的阶梯。

因此，如果你犯了错，不要气馁，为已经向前迈出了一步而感到高兴吧。"正是这个错误让我意识到自己犯了一个错误。我纠正了它，重新再做就成功了。"我们都需要**获得这种经验，并认识到失败是可以弥补的。**

我们可以用成功的经验来消除曾经失败的经验。一旦这样做，你就会获得信心，不再畏惧失败。如果一次失败后就受到了伤害，不想再尝试，你就无法摆脱这种坏情绪，一直受它摆布。

你可以通过行动来消除失败的负面记忆，体验到成功的喜悦。正如吉田兼好在《徒然草》中所说：如果一个想学习表演的人认为，必须在精通演艺之后才能在公众面前表演，那么他将一无所获；而那些不断练习且不惧怕嘲笑的人，即使他们最初不是很擅长表演，最终也会变得很优秀。

有些人认为失败了就无法挽回，实际上，唯一不可逆转的失败是涉及生命的失败。如果因为某一次失败而失去了生命，就不能再重新开始。我们不能拿自己和他人的生命冒险。除此之外，其他事情都可以重新开始。

只要还活着，只要不放弃，你就可以顺从自己的意愿重新开始。

重复犯错是因为不接受失败

然而，这并不意味着你可以一次又一次犯同样的错误。反复犯同样错误的人其实是**无法正确对待自己的失败**。例如，有的人经常迟到或错过约会。不能遵守既定规则或未能履行对他人的承诺是一种过错。能够认识到这一点的人会表示歉意，并注意下一次不再犯错。而那些不承认自己错了的人总在找借口。

前文我说过，我们应该把自我与事情本身分开，但不应该以此来逃避责任。**诚实地承认过错，你才能看到什么地方出了问题，以及如何纠正它。**

一些社会地位极高的人常常说错话。他们不谨慎的言辞经常伤害或冒犯他人。这些反复犯错的人的根本问题是，他们不明白这些错误行为的本质是什么。如果他们没有意识到自己有采取片面观点和用言语伤害他人的习惯，且不努力纠正这种习惯，他们就会再次犯同样的错误。

如果你意识到自己有一种伤害别人的心灵癖好，却不努力纠正，就会再犯同样的错误。如果不积极行动，这个习惯将永远不会被改正。

"子曰：过而不改，是谓过矣。"这是《论语》中孔子的一句名言。孔子说，犯错本身不是问题，真正的错误是意识到错误而不改变做事的方式。即使有错误，只要我们能改掉不好的地方，重新开始就可以了。**相比不犯错的能力，我们更需要纠正错误的能力。**

不怕失败的"天修革"精神

每到大学的毕业季，我都会在给学生送行时对他们说："不要忘记'天修革'精神！""天修革"是一个缩写，代表了三个原则，它将帮助你实现目标，不畏惧失败。"天"代表向更高处迈进；"修"代表随时修正，不怕失败；"革"则表示自省。这是我借用日本城堡最高处的天守阁的谐音引申出来的一种理念。

"天"代表什么？

"天"代表最高点，就像位于城堡最高点的天守阁。当你走向世界的时候，不管你走的是什么路，你都应该瞄准世界之巅，用高昂的精神来对待你的工作，精力充沛，斗志昂扬。这意味着我们应该保持心中的热忱。

"修"代表什么？

"修"代表修正能力。在任何情况下，你都需要努力提高自己的修正能力。当前辈或上级提醒你时，你需要立即做出反应，纠正自己的行为。如果有人说："你的声音太小了，我听不清楚。"你就要试着大声一点儿，直到下次有人告诉你"不，不必那么大声"为止。开始，你可能不知道要纠正到什么程度，你要尽量朝相反的方向修正，通过不断试错，逐渐调整到合适的音量。

"革"代表什么？

"革"的本意是改变，在这里引申为内省，即在你修正了自己的行为之后，要不断检查。有时你认为自己做对了，却并不知道这是否与别人的要求一致。所以，要经常与你的上司或客户核对，以确保你的修正是正确的，你对别人的要求做出了正确的回应。

"如果你把'天''修''革'这三个要素牢记在心，在很多情况下就不会有麻烦。即使犯错或碰壁，你也总会调整好。"我就是这样送走一届又一届大学生的。我相信这个理念不仅适用于职场新人，也适用于任何年龄和处于任何职位的人。

失败是你的勇气勋章

想尽快忘记失败是正常的，但我大胆地建议你**保留一份失败的记录。做一个失败笔记本，写下你没有做到的事、没有成功的原因、你应该怎么做以及你的感受等等。**你也可以用五分制的星星来标记当时精神受到冲击的程度，并注明"今天的这次失败大约是两颗星"或"这次失败很艰难，是四颗星的水平"这样的话。

书写可以释放积聚在头脑中的消极想法，也可以让你客观地看待自己，组织思想。以后再回过头来看，就会发现一味消除消极想法并不是一个好的做法。

人是一种健忘的动物，所以即使你深感遗憾，甚至心态崩了，一段时间后，你也会忘记痛苦。而失败的记录会让我们想起这些痛苦，它是我们对自己的一种提醒："哦，是的，这就是我在那场期末考试中表现如此糟糕的原因。"

而失败的记录总会在某个地方派上用场。比如，当你将来有机会参加各种面试时，你可能会被问到："你有没有经历过失败或挫折？你从中学到了什么？""你经历过哪些失败？你是如何处理这些失败的？"这些是一个人在成长过程中经常会被问到的问题。**你不需要从记忆中抹掉失败的经历，而是要让这些经历成为对你有意义的经验。**失败也可以成为你的财富。

做事，犯错，纠错并重新开始，如果进展不顺利就进一步纠正，再试一次。我们正是通过这个过程学习并成长的。

在你缺乏经验时，难免会心存恐惧。你需要很大的勇气克服这种恐惧。你需要去尝试，接受自己的不冷静，在跌倒后重新开始，积累经验而不害怕失败。

失败是为你的勇气颁发的勋章。失败笔记本中的星星就是你的失败勋章。当你积累了足够多的星星，就会获得奖励。**这些勇气将改变你的世界。**所以不要逃避失败。失败是好事！欢迎失败！迎接失败吧！我相信，**内心的强大与失败经验的丰富程度及克服失败的次数成正比。**

不必得 100 分，只要付出 100% 的努力

当我听到音乐组合 YOASOBI 的歌曲《群青》时，我觉得这首歌可以鼓励那些害怕失败而不敢冒险的人。你可能缺乏自信，并且有一种模糊的害怕失败的感觉在心中游荡。请不要放弃，继续做你喜欢的事。这是一首推动你前行的歌，告诉你到目前为止，你所积累的经验都将成为你的武器。

有一栏名叫《第一次拍摄》(The First Take）的节目，音乐人们在节目中进行一次性拍摄的表演。YOASOBI 也在节目中表演了《群青》。其中，两名 YOASOBI 成员与原创乐队成员完成了合作。

主唱几田莉拉在一次电视节目采访中提到了那段经历，她说："**我不想得 100 分，但要从头到尾付出 100% 的努力，这就是《第一次拍摄》的意义所在。我想这也是我们所做的。**"

我认为这些话对大家是一个很好的提示。在每个

人的日常生活中都有一次定胜负的情况出现，不是吗？我们一想到自己绝对不能失败，就会感到十分紧张。如果在这种情况下认为"我必须得 100 分"，就很容易变得更加紧张，无法发挥出全部潜力。其实，你的目标应该是自始至终发挥出 100% 的实力。

如果你想的是"我是否 100% 地付出了"，便可以排除干扰，更容易集中精力。当你付出了 100% 的努力时，就会感到满意，因为你已经尽力了，事后就不会有任何遗憾，也不会太担心结果如何。

不必试图获得 100 分，而是要付出 100% 的努力。 这是培养强大内心的一个重要秘诀。

第二章

摘要

-1-

不要害怕失败,不要害羞,不要太在意。
有了失败,成功才会更加夺目。

-2-

失败了也不否定自己,专注于未来。

-3-

依靠勇气和修正能力再次面对挑战,
让你的世界更加广阔。

第3章

让修正能力成为你的武器

你需要的是修正能力

"XX 球员有能力修正自己。"

"XX 团队的优势是具备自我修正的能力。"

你有没有听体育评论员说过这样的话？具备修正能力的运动员和团队能够调整以前做得不好的地方，有时还能把劣势变成优势。他们了解自己的状况，知道如何做得更好，如何加强自身的实力，提高成功的概率。

高水平的修正能力意味着能够灵活地应对各种情况。这就是灵活性和柔韧性。灵活应对局面，能做的事情就会变多。这就是他们能变得越来越强大的原因。具有高度自我修正能力的运动员能够不断成长，从伤痛和事故中迅速恢复过来。

修正能力是改变自己去应对现实的技能。即使是那些对自己的精神力量缺乏信心的人也能培养出修正能力。你要意识到："如果我修正自己，我就可以做到！"这将对你的余生产生帮助。当你遇到问题或者不顺利的事，如果你能想"别担心，我可以解决，会有办法的"，就不会再担心，压力也会跟着减少。

修正能力是支持你的有力武器。我强烈建议你从小就去有意识地磨炼它。

考试后的复习也是一种修正能力

当然，学习修正的技巧也是必要的。做完题目后，你会不会检查一下，看看自己有没有犯什么粗心的错误？**检查你是否有简单的书写错误、计算错误或读错题，**这是修正能力之一。如果你认真检查了，就不太可能因为这些微不足道的错误而丢分。

真正的修正技巧并不只有这些。**考试结束后，你需要回顾并重做当时没有做好的题目，**这一点非常重要。考试中没能解答出来的问题大致分为三类：

①如果当时冷静下来，本来可以解决的问题；

②没能想出解题思路和解决方法的问题；

③没有读懂题目的问题。

对答案时，重要的是检查那些你没有把握的问题，确定它是①②③中的哪一种，并尝试找出正确的答案。

第一类问题，容易因为粗心而误解题意，从而导致失分。如果你冷静下来仔细想一想，就能回答正确。你不是没有理解，如果再做一次，也许就能做出来。你所犯的错误可以反过来成为永远不会忘记的知识。

第二类是那些你回答不出来的问题，因为你忘记了，或者根本不知道用什么方法来解。这些问题考查的正好是你没有学好的部分知识。常规考试的问题在固定的考试大纲内，如果你感到考试超出了复习范围，多半是因为你没有掌握。如果只在考试结果出来后复习一遍，你不一定能真的理解。一两周后再复习一次吧。同样的习题最好做上两到三次。如果能做更多的练习，多分析和比较同类型的问题就更好了。

第三类是你没有读懂的问题。如果你看不懂题目，不明白问题考的是什么，那你应该学会冷静地阅读问题，培养理解题目的能力和揣摩出题者想考查哪些知识点的能力。如果理解了问题的意思，你能解答出来吗？即使读懂了问题，你是否仍旧不知道如何解答呢？如果是后一种情况，就按照解决第二类问题的思路去解决吧。

通过这三种方式，你就能够解决考试时无法解决的问题了。这就是针对考试的修正能力。

重要的是让自己最终能够做到，将失败的经验，如"我犯了一个错误"或"我不明白"转化为成功的经验，如"要是努力，我就可以做到"。

在上一章中，我们谈到了制作一个失败笔记本。为考试制作一个错题本也是一个好主意。**你可以保留一份回答错误的问题清单，以便你随时复习这些问题。**换句话说，这是一本可以积累失败经验的笔记本。

通常情况下，你不会想看它们，但如果你能想"这些都是我在考试中犯过的错误，但后来都能做对了"，它们就会成为你的财富。你会知道自己容易犯什么样的错误，哪些知识点还掌握得比较薄弱。了解了这些，你就更容易采取对策。

有目标，努力就不难

"都考完了还要做这些事吗？太麻烦了，我做不到……"你可能会这么想。是的，这不是你必须做的事。如果你不想做就不必做。然而，做与不做的人之间有一个明显的区别——**能够做到考试后科学复习的人往往能够在未来的考试中获得高分**。这是因为他们改善了学习方法，考试就变得更加得心应手。

进入东京大学后，我意识到，这里的人可以享受努力的过程。为什么他们不会对学习感到痛苦？因为他们知道，**只要他们遵循一定的学习步骤，就能取得成功。**

我经常听到周围的人夸赞东京大学的学生聪明或学习能力强，但从这些大学生的角度来看，他们并没有做什么特别的事情，只是在做他们认为该做的事。在十几岁进入大学之前，他们就已经意识到这样学习是对的，并确信这样做可以让他们取得更好的分数，考上更好的大学。

他们有一个清晰的愿景，不觉得自己付出了特别的努力。

在东京大学之外，我也经常听到人们说，某位平时成绩低于平均分的学生考上了一所很厉害的大学。这并不意味着奇迹发生在这个人身上，而是说明他能够根据自己目前的能力制定考试的策略，并运用这个策略使自己的成绩得到稳步提升。

策略固然重要，而如果你对未来有一个清晰的认识，就可以做得更好，而不会被焦虑所困扰了。而且，你也不再因为努力而变得痛苦。从事任何工作都是如此。

你能发现自己的问题吗？

为了使修正能力发挥作用，你需要分析哪里做得不够好。你必须自我剖析："这里有什么问题？"然后加强或改进它。发现问题很关键。如果你不知道问题是什么，无论如何努力，都不会有改进。

你看过宫泽贤治的童话故事《大提琴手高修》吗？

高修在乐团里拉大提琴，经常被乐团指挥责骂。他迫切地想变得更好，却不知道怎么做。之后有四个夜晚，当他在家独自练习时，分别有四种动物出现在他面前。与这些动物交谈后，高修发现了他在演奏中缺少的东西。在这些小动物的帮助下，他的进步突飞猛进。

音乐会当天，他的琴技受到乐团指挥和其他音乐家的赞扬，也得到了小镇居民的认可。这是高修通宵苦练的结果，但如果只是自己练，他不会有这么大的变化。起初对动物们很不友好甚至很刻薄的高修，逐渐对它们敞开心扉。渐渐地，他变得更加善良。在与动物们互动的过程中，他学会用更多的情感演奏，并最终纠正了自己的问题。

高修的进步不仅体现在琴技上，还体现在他能够倾听别人的意见上。当然，如果你能认识到自己的问题并自行纠正过来，那当然最好。但如果你认识不到问题所在，**听取别人的建议就很重要。**

拥有一个好向导

当你想学做一件事情时，可以请一个会做的人教你，或者找该领域的专家当你的老师或教练。自己摸索往往很难找到要点，但如果有一个擅长的人在一边指导，你会提高得很快。

很多时候，你做不好是因为没有一个好向导。

当你有一个好导师，一个好顾问，你可以进步得很快。在这个意义上，我认为学习是提高进步能力和修正能力的好方法。 通过向好老师和好教练学习基础知识，你可以反复修正自己，从而变得更好。

在好老师和好教练的带领下，你会对正确的学习步骤十分明了，从而取得快速的进步。此外，真正好的教练不仅会教你技术，还会教你如何调整心态。

一名少年队足球教练曾经告诉我，在比赛中容易犯错的孩子往往有一个共性，那就是**非常害怕犯错，以至于不自觉地避免与球接触**。他们总是倾向于跑到球到不了的位置。他们在心态上就已经退缩了。

我们必须克服对犯错的恐惧，但如果没有一个教练指出这个问题，自己很难意识到这一点。如果无意识地养成了逃避的习惯，它就会变成心灵癖好。一旦遇到麻烦或感到焦虑，你就会不自觉地选择逃避。

掌握某些技能固然重要，更重要的是找到一位在心态上能指导你的导师。

世界级的职业网球运动员也需要教练来帮助他们调整技术、身体状况和心态。接受优秀教练的准确指导和建议，可以进一步提高自身的修正能力。

日本职业网球运动员锦织圭在与老教练合作多年后选择更换教练，他说："是时候听听新的声音了。"这给我留下了深刻的印象。即使是顶尖的专业人士也需要一个好教练。

在《徒然草》中有这样一个故事：一个来自仁和寺的法师一路走到石清水八幡宫，但由于没有导游，他不知道主神殿在山上，所以没有去主神殿就回去了。有句名言说："即使在最细微的事情上，拥有一个向导也是一件很好的事。"

拆解问题，重点练习

①明确问题

②不断改进

③得出结果

为了提高修正能力，重点是明确需要改进的问题。如果问题或目标设定不明确，就很难看到需要具体纠正的地方。以下是一个目标不清晰的例子。

有人说："我不会说英语，我的问题主要是英语语言能力不行。"这么说就太笼统了。

试着把问题分解。英语的哪些方面你做得不好？是词汇量不够、不理解语法、发音不标准，还是听力不好？如果你冷静地想一想，可能会发现你的词汇量太少了。如果是这样的话，你的首要任务就是学习大量的单词。

词汇量的积累不是两三天就能完成的，你需要设定一个较长的时间段，比如两周或一个月，在这段时间内，你只需背单词。两周或一个月后，当你小有成效时，就可以再设定一个新的目标。

重点是，一次专注于一件事，付出努力，直到取得成果。

我曾向小学生讲授如何做单杠运动的卷身上动作。做卷身上是有诀窍的。首先，你要专注于肘部的动作。两手用力屈臂拉杠，带动身体上升。解决这个难点后，你再举腿前踢。可以想象在后脑勺有一个足球，你的任务就是前踢够到球，以此来带动身体旋转。你要一遍遍地分步练习，直到准确无误地完成这个动作。

通过这种方式，**对每一个要点进行反复练习。** 当孩子们逐一改进了每一个步骤，并最终独立完成卷身上的动作时，他们是多么高兴啊。他们快乐得手舞足蹈。

这种巨大的快乐是那些从一开始就能做卷身上的人所无法体会的。这是一种成就感，只有**那些曾经为**

取得成就而努力奋斗的人才能强烈地感受到。通过努力而获得的成就感是自信的来源和基础。

通过经历增加你的经验

很多人在一次失败后就会失去信心,变得萎靡不振。这是因为他们只尝试了一次。如果你明白很多事情不可能一次就成功,你就顶多会对失败感到有点儿沮丧,而不至于受到太大的伤害。

第一次做某件事时,你的经验为零。尝试的次数越多,**积累的经验就越多**。经过几次尝试之后,**你就会注意到微妙的变化。**

"第一次,这里和那里可以做得更好。"

"第二次,这里变好了,但那里还是不够好。"

"第三次,相当不错。我认为自己在这方面有更多改进的空间。"

通过经验的积累,你可以更清晰地看到自己的不足以及需要改进的地方。

敏感的人应该好好利用他们的感觉来发现差异。发现问题、发现设计和实践的改进方法需要**对细微的差异十分敏感**。这些都是敏感的人所擅长的。如果尝试用敏锐的感受来做修正，就会事半功倍。

经验的增加有助于人的成长。

"高考是一锤子买卖。如果失败了，就不能重新开始，不是吗？"

高考确实是考试当天的一场比赛。因此，**你必须在这个日子到来之前不断练习**，这就是模拟考试的作用。近年来，有越来越多的模拟测试可供选择。还有模拟面试，让你为正式的面试做好准备。

模拟考试有两个目的：一个是让你了解自己的实力如何，另一个是让你熟悉真正的考试。模拟考试的环境与真正的考试相似，问题的类型和出题的倾向也相同。这是一次预演，通过与真正的考试相同的方式来让考生提前获得考试的经验。

模拟考试结束后,按照我在前面讲的,对模拟考试的内容做一次彻底的复习,帮助自己发现问题,改进技能,巩固所学的知识。如果你努力做到这一点,在真正考试的那一天就不会感到特别焦虑了。

有丰富的经验和阅历意味着你有充分的准备,可以预料到可能发生的事情。这样,你就会更加放心大胆地去做。那些在演讲或其他重要比赛中表现不好的人同样需要经验,这就是为什么我们有练习赛和模拟赛。

如果不能认真对待练习,通过练习磨炼修正能力,那你就是在浪费经验。

应对不同的挑战

在大学里,我给那些想成为教师的学生上课。我希望他们成为充满激情的教师,以一种让学生兴奋的方式教学。我也希望他们能够保持一个健康的心态，因为现在教师精神状态不佳的案例比以前大大增加了。

出于这个考虑，我会在课堂上要求他们接受各种挑战。例如，他们可能被要求用第二语言介绍读过的一本书，或者用英语介绍喜欢的东西。有时，我还会让他们编唱一首歌或表演一出短小的喜剧。

起初，每个人都不愿意这样做。但无论学生们如何抱怨或抵制，我都会坚持，因为这是一门课。

让学生在整个班级面前表达很困难，所以我让学生组成四人一组，在小组内部表演。课程进行到一半时，重新分组，然后继续进行。

我会告诉大家："不要对别人的发言做出消极的反应。让我们为同学们的勇气和努力鼓掌。"因为这些规则，学生们总能得到热烈的掌声，即使他们觉得自己做得不好或失败了。

起初学生们不喜欢这种活动，**但在重复了一遍又**

一遍后，他们变得越来越喜欢了。课堂结束时，他们会面带微笑地说"我做得很开心"或"我想再尝试一次，我有信心下次能做得更好"。

如果问他们从开始到现在感觉上有什么不同，他们会回答已经**习惯**了。现在，他们能够不断挑战自己，做起初认为不可能的事，并乐在其中。当你习惯了这种方式，**你就会变得更有活力**。这正是我希望未来的教师能够获得的能力。

在我参加的一些电视综艺节目中，导演会突然让我模仿一个喜剧演员或唱一首歌。通常情况下我不能说不行，必须照做。我也可以说："我是一名大学教授，我做不来。"但这是一种失败，等于为自己竖起一堵名为"我做不到"的墙。作为一个不断向学生发起挑战的人，我不能就这样临阵脱逃，必须全力以赴才行。

当然，我也有失败的时候。有时候，我尽了最大努力去做，但那段视频却被剪掉了，因为它太没意思了。

只有接受挑战，我们**克服困难的能力才会越来越强**。我相信，**适当地突破自我能够拓展你的极限**。

必须做的事情会让你变得更强大

在学校，有许多事情是你必须去做的。这些事情大多数都是些你不能逃避的麻烦事。**习惯它们是很好的练习**。我们必须解决摆在眼前的事情，不要想别的。在压力之下，你会变得更加专注。

当你因为喜欢、擅长做一件事时，你会变得积极主动，愿意接受更多的挑战。人们对于喜欢和擅长的事情，往往有一种积极的热情和做得更好的意愿。这种积极的想法从一开始就压倒了害羞和恐惧等负面情绪，更容易让人产生勇气。

然而实际上，我们并不总能遇到喜欢的事。你做一件事常常是因为你必须做。而当你集中精力并真正投入其中时，一个"挑战—快乐"的循环就形成了。

拿出做的架势。刚开始你不一定具备做这件事的动力，但当你准备做这件事的时候，你的动力开关就被打开了。你全神贯注，不再沉迷于自我欣赏和别人如何看待你的顾虑中。换句话说，你进入了一种无我的状态。在这种情况下，你全情投入，直到把这件事做好。

做必须做的事情会让你习惯应对挑战，这是一个突破自我极限的机会。因此，不要心不甘情不愿，而要全力以赴。当你完成一些不擅长或从前认为不可能完成的事情时，会产生一种巨大的成就感，这将大大增强你的信心。

雏鸟从蛋中孵化时，会冲破蛋壳，自己出来。虽然大鸟会从外面帮忙啄一啄，但基本上雏鸟都得依靠自己的力量出来，否则将无法在外部世界生存。如果它们不能自己破壳而出，最后就会在蛋里腐烂掉。

处于一个必须做某件事的环境，等于给自己一个

打破外壳和成长的机会。

有危机感就赶紧修正

现在，英语是从小学开始教的，我们小时候，英语通常从初中才开始教。我经过小升初的考试后，进入国立大学的附中学习。在第一堂英语课上，我被要求和同学们一起朗读课本上的标题《新皇冠英语教程》，但我根本不会读。我以为其他同学也不会读，因为这是未来的学习内容，但从国立大学的附小出来的孩子们竟然都会读。我记得当时自己有点儿惊讶，心想："什么？他们从小学就开始学英语了？"

直到第一次期中考试后，我才意识到，我和其他同学的差距不是一星半点。我的英语测试得了 50 分，而周围的人都得了 80 或 90 分。上小学时，我一直是一个好学生，这是我生平第一次得到低分。我感到非常震惊。

我把英文字母"j"写反了，所有带有"j"的单词都错了。这是一个多么可耻的错误。虽然我在期末考试中没有再犯这样的错误，但我第一学期的英语成绩却让人非常失望。

"太糟糕了，我必须做点儿什么。"我心中燃起了斗志。

"好吧，我要在暑假期间学习英语！"我决定彻底解决我的英语问题。"只不过小学时没有学过，我要在这个假期把成绩补上来！"由于对 50 分的失望如此之大，我在那个暑假里非常努力地学习英语。结果在第二学期，我考得很好，英语成了我擅长的科目。

现在回想起来，这个低分给了我强烈的危机感，让我意识到自己真的需要努力学习了。如果不是因为写反"j"的错误，我也不会有必须改变的强烈决心。如果那时我没有受到刺激，进而努力学习，我可能会成为一个英语差生。

当你有危机感时，最好采取行动，尽快纠正。越早纠正，你受到伤害的可能性就越小。如果你听之任之，在情况变得非常糟糕之后再采取行动，改变将非常困难。

让那些有效的方法成为自己的理论

我这个人缺乏耐心，不太擅长日复一日不断做同一件事。我喜欢集中精力，在短期内搞突破。因此，在我初中一年级的暑假期间，沉浸在英语中的学习对我来说是一段有趣而有意义的时光。结果，我不仅把英语学好了，而且还喜欢上了它。**这成为一种成功的经验，洗刷了过去的失败。**

有些成功是可以通过失败获得的，集中精力克服弱点是我擅长的方式。高中一年级的时候，有一次数学考试我得到了一个惨不忍睹的分数。这一次我在春假期间将精力彻底集中在数学上，并取得了很好的效果。

如果你得到了一个让你震惊的糟糕分数，你就该改变自己了。对于成绩不好的科目，你只要努力了就能学会。花同样多的时间，你也许能把 90 分提高到 95 分，或者把 30 分提高到 70 分。进步是艰难的，一个科目越难，你就越能感受到自己的进步。一旦你适应了这种"挑战—快乐"的模式，就会充满兴趣，越来越喜欢做这件事。

选定一个时间段，集中精力重点突破——这是我的理论，我的风格，一种属于我自己的经验。

该如何从失败中恢复呢？**每个人都有适合自己的方式**。从过去的经验中可以找到成功的方法。回顾过去的成功经历，问问自己：我过去成功的秘诀是什么？想一想，然后清楚地用语言表达出来。你可以**把这种方法运用到很多事情上，形成自己的风格**。

"我知道我擅长这样做。"当你有这样的想法时，你就对自己的修正能力充满了信心，焦虑的情绪也会得到平复。

不甘心是燃料

你觉得自己什么时候最专注？什么时候斗志昂扬？

不甘心很容易成为一种能量的来源，让人热血沸腾。

谈到日本将棋①棋手藤井聪太，从小就很了解他的师傅杉本昌隆这样评价："小时候，每次他输棋都会很懊悔，抱着棋盘哭。"因为他的好胜心很强，一旦输棋，就会很不甘心。藤井在很小的时候就是这样。可以说，正是**这种不甘心一直在驱动他不断变强**。

不甘心本身是一种消极的情绪。这是一种因出错

---

① 日本象棋，棋类游戏的一种。——编者注

而感到失败、沮丧和羞耻的状态，会让内心无法平静。纠缠于结果，停留在愤怒、嫉妒或后悔的情绪中对我们没有任何帮助。更好的做法是，**承认已经发生的事实，把注意力转向未来，化悲痛为力量，把失败带来的负面情绪变成一种振奋人心的激情。**

不要沉浸在挫折之中无法自拔。我们常常听说"雪耻之战"。雪耻的意思是洗掉耻辱，在体育运动中常常表示失败后再次尝试，并最终取得胜利。而不甘心就是"雪耻"的燃料，它为人们提供了前进的能量。

有雪耻能力的人能够获得更快的成长。

进取心源自内心的能量

当结果不理想时，有些人并不觉得太糟糕。他们看起来没有那么失望、沮丧或尴尬，而是泰然处之，说："好吧，我想这就是事实。"实际上，他们对这样的结果也不满意，想弥补，想雪耻，想下次做好，想回到正轨。**但他们内心的能量很低。**也许心灵的火苗早已经熄灭。

内心能量低的人很难激发出自己做事的热情。**无论是打开认真的开关，还是因懊悔产生雪耻的能力，都是因为内心有能量。内心的能量低，就没有想成长、想提高的欲望。**

内心能量低的人，可能没有将"挑战—快乐"这一循环有效地用于自己的成长和提高。如果抱有做不好、做了也没用的想法，内心的能量就会不断流失。当你因为怀疑自己而产生自我否定时，内心的能量就会白白消耗掉，你会觉得很累。

停止因自我怀疑而消耗能量吧。发挥修正能力，坚信只要做了就会有进步，不断努力达成目标，好好体会成功带来的喜悦吧。这将**给你带来信心和自我肯定。**

一些日本职业足球运动员选择去欧洲踢球，有些棒球运动员选择去美国打球。如果留在日本，他们会被当作顶级球员膜拜。但我认为他们想挑战自己，希望通过在更高层次的环境中接触激烈的竞争来提高自己。他们想要进步，想迈向更高的平台，想获得更多的经验，想提高自己的能力。这也就是为什么他们会不顾一切地去体验失败。一旦克服了这些困难，他们就会变得更加强大。

如果你把接受挑战当作一种成长来享受，那么你的内心一定会变得更加强大。具备了修正的力量，你的生活会充满乐趣。

找到最佳替代方案

我还有一个关于修正能力的秘诀想要介绍给大家，那就是找到**最佳替代方案**。这是一名负责国际谈判的专业律师教给我的。

在谈判中，你必须事先想好，如果不能达成预期的结果，你会怎么做。你需要准备其他的选择，即使事情不成功，你也不会完全处于劣势，而且还能得到一个相对满意的结果。

简单地说，**你必须有一个计划，当某一个方法行不通的时候要有另一个方法。**我认为这不仅适用于谈判，**还适用于日常生活，它能让我们做到心中有数。**

有了最佳替代方案，即使事情进展不顺利，你也不会感到特别沮丧或绝望。你可以放松心态。例如在报志愿时，你不会只考虑第一志愿，并认为它是唯一的选择。试想一下，如果你的第一志愿没有成功，你还会被第二志愿录取。如果A不成功，还有B；如果B不成功，还有C。始终准备好下一个最佳替代方案，这样你就不会感到无助和绝望。

内心强大并不仅仅意味着要强硬。灵活的转变能力也是内心强大的一种体现。

第三章

摘要

-1-

修正能力是一种改变现实的能力。

-2-

抓住积累经验的机会。

-3-

找出自己擅长的修正方法,
使之成为自信的种子。

第4章

不要被自卑感所困扰

青少年的内心充满了自卑

如果询问十几岁的青少年:"现在让你烦恼的是什么?"你可能会听到下面的回答。

"我很自卑,因为我眼睛小,对自己没有信心。"

"我牙齿不齐,不敢张嘴。虽然我知道要微笑,但我笑不出来。"

除此之外,**还有一些涉及外表的其他问题**,包括胖、痘痘很多、头发稀疏等。有些人因为矮而自卑,相反,有些人因为高而自卑。

很多人在意的不仅仅是容貌和外表。

"我不擅长运动,每次上体育课都很痛苦。单人项目中,我常常被人嘲笑和瞧不起;团队项目中,我又会给别人添麻烦,所以很自卑。"

"别人经常说我的声音很奇怪、很难听,我为此感到自卑。"

这些人觉得自己有弱点和缺点,**周围人的眼光和**

评价让他们感到很压抑。

有时候,我们会因为身边人的存在而感到自卑。

"我的哥哥太优秀了,我非常讨厌被人拿来和他做比较。"

"我的好朋友非常受欢迎,而自己总被作为陪衬。虽然我笑眯眯的,表现得一脸无所谓,但心里却因为自卑而消沉。"

大家都因为不同的原因而被自卑烦恼着。我想,人生中最能感受到自卑情绪的应该就是十几岁的青少年吧。

青春期是纯真的

据说,青少年时期是人生中自卑感最强烈的时期。这是为什么呢?因为十几岁正是我们最关心自己的外表,最关心自己是否受欢迎的时候。

童年时期,每个人都生活在以自己为中心的主观世界里。到了小学高年级，会逐渐对自己变得更加客观，开始关心别人如何看待自己。然而，这时的孩子还不会冷静客观地看待自己。他们开始思考："我是什么？"由于还没有建立完整的自我意识，他们的自我认知总是摇摇欲坠，不够稳定。当他们看到自己钦佩的人时，他们想成为对方的样子，并试图获得外界的认同，但随后就碰壁了。

他们感到理想的自己和真实的自己之间存在着差距。理想的自己有一双明亮的大眼睛，但真实的自己却有一对小眼睛。或者，理想的自己在微笑时会露出洁白整齐的牙齿，但真实的自己看起来却根本不是这样。**他们对自己的外表没有积极的认识。**他们不能接受这样的自己。他们想"这不是我"，矛盾便出现了。

你很在意人们对你的评价。它影响着你对自己的认知。

"你又胖了吗？"听到别人这么说，你会不由自主地认为自己很胖。如果有人说："你的头发看起来很乱。"你会情不自禁地去关注你那头毛燥的头发。当别人说："真笨！你连这个都做不到吗？"于是，你对自己缺乏运动能力感到更加羞愧。你恨自己，你的自尊心受到了极大的伤害。

然而，在初中和高中阶段，孩子的心智尚不成熟，很多人会在不知不觉中对他人说出侮辱性的话。结果，原本并不在意的事情被别人一说，自己就开始在心里犯嘀咕："我是这样的吗？"从而产生自卑感。

中学生还没有足够的自信，无法在现实中给予自己充分的肯定，而且他们很容易受到外界的影响。

天真烂漫是青少年的特点。作为一个成年人和生活中的过来人，我想对正在挣扎的你们说：被自卑深深困扰的状态在你的青少年时期会达到顶峰，**随着你逐渐长大，很多现在困扰你的事情将不再困扰你。**一个原因是，**作为一个成年人，你会发展出一种现实应对能力，**你将学会各种应对现实的具体方法。另一个原因是，长大后**你会更了解自己，知道如何爱自己。**

等你学会如何照顾好自己，就不会那么担心了。

遗憾的是，不是每个人长大后都能摆脱自卑感。有些人会把他们的自卑感带到成年阶段。是什么造成了这种个人的差异？我认为是处理自卑感的能力，**学会不被自卑感所困扰很重要。**

感到自卑可以，但要小心自卑情结

自卑感和自卑情结是有区别的。这是心理学家阿尔弗雷德·阿德勒[1]的观点。

阿德勒从小身体就很虚弱，有时觉得自己比周围的人低一等。正因为如此，他深入地研究了自卑感。阿德勒认为，每个人都有自卑感，并说**"有自卑感不是一件坏事，问题在于我们如何处理这种自卑感"**。

日常生活中，我们经常与他人作比较。例如跑

---

[1] 奥地利精神病学家，人本主义心理学先驱，个体心理学创始人，著有《自卑与超越》。——编者注

步，你不自觉地会与更快或更慢的人相比，然后得出结论：他跑得比我快，或者他跑得比我慢。虽然我们承认事实，但我们也有感情，如果我们跑得比别人快，就会很高兴。如果赢了比赛，就会觉得自己很优越。另一方面，如果我们比别人跑得慢，就会感到很沮丧，为不能跑得更快而感到羞愧，这就是自卑感。

人在不同的情况下会有优越感或自卑感。优越的感觉很好，所以人们想跑得更快或总能赢，这促使他们付出更多努力。优越感是一种动力。

然而，在阿德勒看来，**自卑感也可以成为一种激励。**

"我很苦恼！我希望可以跑得更快！"这些自卑的感觉是积极力量的来源。这就是我们在上一章中谈到的雪耻的能力。

自卑情结与自卑感的区别在于，具有自卑情结的人总是试图以自卑为借口来逃避挑战。还以跑步为例，他们可能会说"我跑得很慢，所以无论我尝试多少次都注定会失败"或者"反正我还是会失败的"。他们以跑得慢而感到自卑为借口,逃避自己的问题。这就是自卑情结。

我们需要让自卑成为改善现实的动力。阿德勒的观点是,我们不应该逃避自卑感,将自卑作为不接受新挑战的借口,让它成为一种情结,残留在我们的心里。只因为自己不如同龄人优越,就觉得自己什么都做不好,让自卑感发展成自卑情结,你将一事无成。

钻牛角尖会导致意识失控

当你认清了自卑感和自卑情结的区别,就会像阿德勒说的那样,明白自己的问题所在,从而消除自卑情结。

在我看来,**自卑情结是一种思维习惯,它使你因为自卑而对某些事情过分关注。**

打个比方,思考就像水从一条沟渠中流过。一旦顺利通过，水就会源源不断地流经这里，沟渠的轮廓也会变得越来越清晰，最终成为一条河流。思想的流动最终会成为一种习惯。如果这条溪流对你有益，你可以让它继续流动，使它更深更坚固，但如果对你无益，你需要迅速改变它的流向。

自卑情结就是一个由自卑感产生的无益的习惯，它所指的方向与你希望它流动的方向不同，所以你要尽早处理它，改变它的轨迹。如果你继续怀有自卑感，你的自我意识可能会以一种扭曲的形式表现出来，变成**扭曲的状态**。例如，你通常不太在意别人对你说了些什么，但如果因为自卑过分关注，你就会受到严重的伤害。言语之刃带来的伤害是很严重的。

与其说是对方出口伤人，不如说是你太紧张了，反应过度。如果这种情况升级，**你会变得对他人具有攻击性**。因为在你看来，周围的人似乎都想伤害你。为了保护自己，你会采取反抗的态度，攻击别人。

自卑感和优越感是人格的一体两面。当一个人不想被自己的自卑感所影响时，他**可能会通过过度夸耀某些东西来增加自己的优越感。**他还可能觉得，**如果自己处于强势或主导地位，就能从自卑感中解脱出来，**所以会表现得傲慢，骄横跋扈，或目中无人。欺凌和压迫往往是由当事人的自卑感引起的。

说到有自卑感的人，我们往往会联想到一个矜持和安静的形象，**但如果这个人产生了自卑感，他往往很难相处。**

不要让自卑感演变成自卑情结，不要揪着自卑不放。**要学会以正确的方式处理自卑感。**要做到这一点，认识好的榜样很重要。

从现在开始，我想跟大家谈谈如何处理自卑感。我会讲一些成功面对、克服并接受自卑的人的故事。

努力克服并跨越自卑

处理自卑感的第一个正确方法：**直面问题，努力**

克服自卑心理。

每个人都有不顺心的事。即使是那些外表看起来没有烦恼的人，也有让他们深感痛苦的事，比如口吃。有的人无端地患上口吃，说话结巴，从而对说话有强烈的焦虑，而这个人可能是国王或总统。

英国国王乔治六世克服口吃

英国女王伊丽莎白二世的父亲乔治六世曾经患有口吃，但他最终成功克服了这个困难。电影《国王的演讲》就是根据这一真实故事改编的，描述了国王乔治六世与口吃斗争并克服口吃的过程。

乔治六世自幼患有口吃，性格内向，非常不喜欢公开演讲。他的哥哥爱德华八世放弃王位后，乔治六世被迫接手了王位。

作为国王，乔治六世需要通过强有力的语言表达能力展现自己的形象。他顶着巨大的压力，努力克服口吃问题。在影片中，乔治六世常常觉得自己不如他的父亲。他的父亲在位时很有尊严，而他的哥哥则更善于交际。最终，乔治六世克服了口吃。他的演讲鼓舞了数百万英国人。作为一个诚实的好国王，他受到了人们的喜爱。

请记住，努力克服困难的经历会让你变得更加强大。你的内心将变得踏实和自信，进而相信许多事情都是可以改变的。

美国总统拜登也结巴

有很多人像乔治六世一样患有口吃，但最终克服了困难，活跃在社会的舞台上。

2021年，拜登在总统竞选中胜出，成为美国总统。你知道吗？他也从小患有口吃。在学校里，他因为口吃常常被同学取笑。在晨会上轮流发言时，他是唯一一个被抢走发言机会的人。他在自传中说，不给他发言的机会比他试图发言但不能正常表达更让他感到难堪和愤怒。为了克服口吃，他对着镜子反复练习大声朗读诗歌。

基于自己克服口吃的经历，拜登对那些患有口吃的人总是投以温暖的目光，他曾说："**如果你为目标坚持不懈地努力，那么你不仅能够克服现在的困难，还能找到战胜未来考验的技能和力量。**"

当你克服了一个困难，你会非常高兴和自信，因为你突破了一个障碍。事实上，这不是唯一的收获，你的内心也会因此变得更加强大。将来，当你再次面对这些挑战时，就可以过关斩将。**突破过障碍的人，有能力突破越来越多的新障碍。**

障碍也能带给我们幸运

与那些有自卑情结的人不同的是，有些人身患疾病，甚至残疾，却比别人更努力，最终取得了巨大的成就。他们是如何拥有如此强大的内心的呢？

坂东玉三郎把一副差牌打成王炸

坂东玉三郎是日本著名的歌舞伎艺人。作为歌舞伎界的领军人物，玉三郎是一位活着的国宝级舞蹈大师，我喜欢他就是因为他柔韧而优雅的舞姿。

坂东玉三郎在大约一岁半的时候双腿受损，患上了小儿麻痹症。小儿麻痹症是一种由脊髓灰质炎病毒引起的疾病，会导致肌肉萎缩，因常常发生在一至六岁幼儿身上而得名。

为了减轻小儿麻痹症带来的后遗症，他的父母开始让他学习日本舞蹈。之所以选择日本舞，是因为他小时候一听到日本音乐就会随着声音摆动身体。他的父母希望他能通过做喜欢的事情得到康复。

玉三郎在三四岁时开始学习日本舞蹈，并为之着迷。六岁时，他成为歌舞伎演员守田堪弥的弟子。十四岁时，他被收养，取艺名坂东玉三郎，并作为一个美丽的旦角受到观众的喜爱。但他在舞台上也遇到了一连串的障碍。由于后遗症，他的右腿有点儿短。

虽然日本舞似乎没有西方舞蹈那样激烈的动作，但也需要一个稳定的核心才能跳得漂亮。他花了很大的力气来保持平衡。

玉三郎是如何看待身体上的劣势的呢？他说：**"可以说我很不走运，因为我小时候有小儿麻痹症，身体孱弱。但也可以说我很幸运，因为它让我发现了歌舞伎这条路。"**

事实不能改变，但你对事实的看法可以改变。身体上的缺陷给了玉三郎力量去做他喜欢的事，这对他来说也成了一种祝福。**找到真正热爱的东西，去收获幸福，正是这一点给了玉三郎继续努力的力量。**你永远不知道会在哪里幸运地找到真正热爱的东西。

羽生结弦用滑冰克服哮喘症

花样滑冰运动员羽生结弦也有一段相似的经历。他从小就患有哮喘。有些人认为哮喘会妨碍人们运动，因为他们在体温升高时会剧烈咳嗽。但羽生的父母却认为，适度的运动会增强孩子的心肺功能和基本体能，降低哮喘发作的概率。

羽生结弦最开始接触滑冰是因为他的姐姐。当时他的姐姐在上滑冰课，四岁的羽生结弦便跟着姐姐一起训练。最开始，他只是希望滑冰能治愈哮喘病。出乎意料的是，他的天赋在冰场上得到绽放，他成了一名顶级花样滑冰运动员。

羽生结弦曾说，是速度滑冰金牌获得者清水宏保给了他勇气。清水也是从小就有哮喘病。15岁时，羽生有幸见到清水，问他："我也想赢得一块金牌，但我有哮喘病，我行吗？"清水告诉他："你的肺部较弱，必须比其他人更努力地训练。如果能够克服这个困难，你将能够与世界上最棒的人竞争。"

这些话给了羽生结弦很大的勇气和希望。得益于他小时候克服哮喘病的经历，羽生有很强的适应能力，能够适时调整自己做出改变。

羽生在读高中时还经历了日本大地震。他在家人和朋友等多方支持下战胜了疾病、伤痛等各种困难。**可以说，是人们的鼓励陪伴他一路成长。**

转变思想，把弱点变成魅力

处理自卑感的第二个正确方法：**不必摆脱它，但可以改变处理它的方式。**

改变你感知和接受自卑的方式。一句话，改变心态。

奥黛丽·赫本利用她的弱点获得成功

英国女演员奥黛丽·赫本被称为永恒的仙女，受到全世界的喜爱。她在《罗马假日》《蒂凡尼的早餐》《窈窕淑女》等影片中的经典形象并没有随着时间的推移而过时，在今天仍然很有吸引力。

据说，赫本一开始也有自卑感。她原本想成为一名芭蕾舞演员，但有人告诉她，身高170厘米的她无法成为主角。所以她放弃了，决定成为一名演员。在当时，最受欢迎的女演员通常是脸蛋圆润、个子不高、身材丰满的女性，而赫本却又高又瘦。她的脸也很宽，棱角分明，与当时成为一名受欢迎的女演员所需的外形资质相去甚远。

然而，一些剧作家和电影导演注意到了她的与众不同。随后她被选为《罗马假日》的主角，并凭借她的第一个好莱坞电影角色获得了奥斯卡最佳女主角奖。世界开始为她着迷。

赫本的吸引力在于她没有隐藏自己的弱点——当时的价值观认为是弱点——而是将这些弱点变成了自身的吸引力。据说她甚至改变了女性美和女性气质的标准。她**把弱点变成了自己的强项**，没有试图顺应世界的潮流，**而是自信地展示了她的特质**。这就是为什么她的光芒如此耀眼。潮流随着时间的流逝而不断变化，但赫本仍然受到许多人的喜爱，因为她是如此富有活力。

渡边直美通过胖得迷人而风靡全球

最近在日本，又有一个人成功地把弱点变成了强项。她就是渡边直美，一个在美国活跃的电视人。她说："我一直是一个自卑的人。"她的高中入学考试全部失败，不得不放弃了继续受教育的机会，她对自己的教育背景一直很自卑。因为母亲是中国台湾人，渡边直美小时候日语学得并不好。另外，她对自己的体型也有一种自卑感。

然而，胖胖的身材却成为她走红的催化剂。她通过模仿自己喜欢的美国歌手碧昂斯获得了大量粉丝。此后，**她开始完善自己独特的表达方式。**色彩斑斓的流行时尚元素、与时尚相匹配的发型及妆容使她胖乎乎的身材看起来很可爱。

肥胖会使你不可爱吗？她已经清楚地表明：不会。

渡边直美通过社交网络在年轻一代中获得了巨大的人气。她的知名度是全球性的，她获得了全世界的认可。

弱点是可以活用的资源

这么看来，原本让你感到**自卑的东西可以因为个性变成一种资产。**

最近在日本，配音演员在人们想从事的职业名单中名列前茅。一些受欢迎的配音演员说，独特的声音已经成为他们的个人名片。一定要懂得打造与其他人不同的特质，**形成你独特的个性，让你变得与众不同。**

在巴黎时装周上活跃的模特都是高个子，这几乎成为模特筛选的一条铁律。然而，在一些试镜中，并没有单一的选择标准。一个想在欧美国家从事模特工作的日本人不可能拥有一张棱角分明的脸、蓝眼睛、金头发，刻意的模仿反而会让你失去自己的特质。如果你来自东方，最好有东方人的特征。

一个特质从一个角度看可能是弱点，但从另一个角度看就会完全不同。 因此，我们不应该局限于对某一事物根深蒂固的看法。你与他人不同的地方恰恰可以为你带来巨大的竞争力，可以成为你的资源。

我在前面说过，一个学科越是难学，一旦你找对了学习方法，就会发现它越是令人愉快。它越是有趣，你就越能得到提高。同样，尚未开发的潜力越有增长空间，就越容易让你进入"挑战—快乐"的循环。

把你所有的精力都放在发展它们上面吧，这将给你带来信心。当你能够充分利用自己的特质，充满信心地发挥你的特长时，你会获得强烈的自我肯定。那时，你就是无敌的。

找到心灵的伙伴

处理自卑感的第三个正确方法：**找到一个心灵**

伙伴。

有一个能与你产生共鸣的心灵伙伴是令人欣慰的。

我小时候个子很矮,在学校里总是坐在前排。上初中时,我的身高只有138厘米。但我**从来没有真正担心过自己的个子**。我从来都不是一个悲观的人,这是因为我从小就很幸运地爱上了阅读,**在书中找到了心灵伙伴**。

我从小学开始就喜欢读伟人传记。读拿破仑的传记时我同情他,读丰臣秀吉的传记时我也同情他。拿破仑和丰臣秀吉都是依靠自己的足智多谋从底层崛起的人,他们两人都非常矮小。

"矮小有什么不好?矮小也能成为大人物!"我是这么想的,并为之感到振奋。即使是现在,我最喜欢的足球运动员也是像梅西和伊涅斯塔这样身材并不高大但十分优秀的球员。他们越成功,我就越为他们感到骄傲。

即使你感到真实的自己和理想的自己之间有着巨大的差距，**如果找到一个和自己有共同点的人，你就不会觉得孤单，从而让内心变得强大起来。**知道有一个真实存在的人和你有相同的遭遇会带给你力量。当遇到困难的时候，你会从他的经历中获得鼓励和支持。

找一个与你有共同点的人，无论是历史上的伟人还是与你生活在同一时代的人，尝试让他成为你的**心灵伙伴。**

如今，我们可以通过社交网络找到很多这样的人。要获取这些信息比以前要容易得多。

一首歌也可以是一个强大的心灵伙伴。

靠着一曲《烦死了》而爆火的日本歌手 Ado 后来又演唱了一首名为《闪闪发光》的歌。歌词里有一句"我的脸就像上帝用左手画的一样"，唱出了女孩对容貌的自卑。然而，不因为外貌而陷入自卑情结，而是接受不完美的自己，潇潇洒洒地活下去，这样的感觉很帅。

当你听到 Ado 强有力的声音时,它会给你摆脱所有自卑情结的力量。 我在听这首歌的时候也能感受到这种力量。让人感同身受的歌词配上优美的旋律和节奏,很容易让你在内心产生共鸣。我经常反复听喜欢的歌曲,它们会留在我的心里,给我力量。

一个以挫折感为跳板的小个子柔道运动员

阿部一二三是一名男子 66 公斤级柔道运动员。他被称为日本柔道界的年轻王牌。然而上小学时,他在团体比赛中却无法击败任何一个与他竞争的女孩子。他将这种挫折化为动力,不断加强自己的核心能力,最终取得了今天的成就。

我在与连续三届获得奥运会金牌的野村忠宏交谈时,也听到了类似的故事。野村忠宏在一个柔道家庭中长大,身负众望。小时候,他的身材也很矮小,常常输给女运动员。从那之后,他努力提高自己的技术，如背负投①，以便以出色的技术打赢身材比自己高大的对手。

心灵强大的人也有伙伴和支持者。

阿部一二三说，他把野村当作自己的榜样，他们是同一类人。这不就是一个强大的心灵伙伴吗？野村不仅是阿部的伙伴，是他的偶像，也是他希望超越的对象。

创造能给你带来信心的东西

处理自卑感的另一个方法是，**在你擅长的领域找到信心**。例如，你跑得慢或球技差，在体育上感到自卑，但你喜欢游戏，你可以通过电子竞技增强自信。有些人可能不擅长学习，但善于制造东西。他们在完成义务教育后进入职业学校，开始在手艺人的道路上

---

① 柔道手技中的一种，以背部作为支点将对手摔出去的技巧。——编者注

茁壮成长。

如果你喜欢自己的工作,则更容易进入"挑战—快乐"的循环,这会带给你自信和自我肯定。当你掌握了让自己感到自信的技能时,你将不再过度关注和沉溺于自卑感。**重要的是,不要总想着自己没有什么,而要让自己拥有的东西焕发光彩。**

第 4 章

摘要

-1-

自卑感源自理想的自己与现实的
自己之间的差距。

-2-

弱点也可以成为你的资源,努力就会闪耀。

-3-

不去想没有的东西,发挥自己的所长吧!

第 5 章

从黑历史中
解放自己

从黑历史中获得自由

"回想起来真是不好意思。"

"在大家面前失态了。"

"为什么那个时候会做那种事呢？每次想起来都后悔得不行。"

"那时候什么好事都没有，都是痛苦的事。"

回想过去，可能有很多你想从人生中消除的记忆。每个人都有一些他们称为"黑历史"的过去。**即使已经把它们封存起来，不再提起，这些记忆也没有完全从脑海中消失。**在某个时刻，你会突然想起来，你的心中一颤，想："原来，我一直没有摆脱掉它。"

过去是自己的"地基"，无论你多么想抹去它，它都不会消失。黑历史的记忆可能产生于深切的自卑感。怎么才能将自己从这些不好的记忆中解脱出来呢？如何处理那些我们想忘记，却一直无法摆脱的负面情绪呢？这是我们在这一章要讨论的内容。

中途退出社团，悔不当初

我的黑历史之一是在上高中的时候退出了社团。我曾是网球社的成员，但在第二年就退出了，原因是不想耽误学习。我当时已经是俱乐部的核心成员之一，对于退出社团也经历了一番内心的挣扎。如果离开，肯定会给社团里的朋友带来一些麻烦。但如果继续参加社团活动，就可能考不上我的目标大学。经过深思熟虑，最终我决定完全退出社团活动，专心学习。

此后，每当看到网球社的朋友们刻苦训练，我的心里就会感觉很内疚，觉得自己是一个放弃了社团活动的人，是一个抛弃了朋友的叛徒。我放弃了喜欢的社团活动，集中精力参加大学入学考试。但考试并不顺利，最后我浪费了一年时间。"早知这样，我就应该继续参加社团活动，坚持到最后。"我感到强烈的遗憾，高中时的社团活动成了痛苦的回忆，是我不愿触碰的记忆。

三十多岁时，我再次见到高中时的朋友。曾跟我一起在网球社打双打的朋友充满怀念地对我说："我们当年的双打真精彩，不是吗，斋藤！"起初我没明白他在说什么，我把记忆封存得太久，已经想不起来了。但最终，我又想起了那段时光。我们那时打的叫"漂亮的网球"，因为我们的目标不仅仅是赢，还要赢得漂亮。

"那时真是太棒了，不是吗？"

"哦，是啊，是的。"我差点儿就忘记了，那时的我们是多么意气风发啊。我终于清楚地在脑海中回忆起我们在高中时代的闪亮形象。

我一直觉得朋友们一定很反感我离开社团，因为对我来说中途退社是一种耻辱。于是**我把社团活动中所有有趣和充实的记忆都深深地掩埋了**。就在那时，我意识到了自己的问题。**将这种经历称为黑历史是我自己的决定，困住我的是我自己**。从那之后，我便能够愉快地谈论我在高中时的社团活动，我从长期的情感困境中解脱出来了。

黑历史真的那么黑吗？

各位，请好好回想一下。

记忆是以一种带偏见的方式储存的。即使你认为它们是黑历史，它们也不一定是负面的。可能是你自己把它们都涂成了黑色。如果你对这些记忆有任何形式的预想，脑海中的记忆就会出现偏差。

不必否认生命中某段时期的一切，即使它并不美好。冷静下来想一想，你会看到其中美好的一面。即使当时身边充满了消极的事物，其中也可能有积极的事物，有能够让你享受、让你快乐的事情。**与其把它们全盘否定，不如看看其中美好的一面，发现其中闪闪发亮的东西。**

例如有些人说，他们在初中或高中时根本没有交到任何朋友。这并不是说他们在课堂上没有和任何人交流过。上补习班时,是否有人跟你讨论各种问题或进行友好的竞争?你可能没有把他们当作朋友,而实际上一起学习的对象也可以称为朋友。

或者在其他场合,如果你愿意和一个人待在一起,他让你放松,感到精力充沛,你就可以把他称为朋友。他可以是跟你不同年龄的人,也可以是动物或书中的人物。

这么一想,肯定不能说你根本没有任何朋友。我有可以交流的人——如果你能这样想,就不会认为自己完全没有朋友了。

有时,你觉得自己犯了一个非常丢人的错误,但实际上可能只有你自己在意它,其他人早就忘记了。有时,其他人甚至不认为这是一个丢人的错误。他们可能会说:"哦,顺便说一下,你很勇敢地接受了挑战,真酷。"

在某些情况下,人们可能会以一种意想不到的方式记住同一件事。**原因是，我们倾向于认为自己不够好，我们批判自己，并沉溺其中不能自拔。**

看待世界的方式不止一种

日本人一般满足于与其他人保持一致。因此，他们倾向于**用一套单一的标准来限制自己，比如"我必须这样做"或"我只能这样做"。**用这些标准将自己与其他人进行比较，他们会觉得自己做得不好或者不够好。这很容易导致自卑。

在我们日常生活的环境里，人人都以同样的方式看待周围的世界。如果你身处其中，以单一的标准相互比较就会成为一种常态。当你不这样做时，反而会变得焦虑不安。

小心，你可能从此被困在某个单一的价值观中。

"周围的人都开始用新的社交网站，我也必须这样做。"如果你做一件事情只是因为其他人在做，而你自己却没有明确的目标，很快就会发现自己遇到了困境。当你试图以和别人相同的方式做同样的事情，差异就会出现，你将面临不顺遂带来的烦恼。

如果其他人都在做的事情并不适合你，或者你并不需要它，就不要做。不要被别人的价值观牵着走。

在一些电视节目中，我们会看到一些居住在他国的外国人谈论他们自己的国家。你会发现，不同国籍、不同文化背景的人对美貌、吸引力和善良有着不同的标准。这告诉我们，**世界上真的有许多不同的价值标准。**

有人告诉我："我在日本不受欢迎，但我去另一个国家也许会非常受欢迎。被单一的外表评价标准所束缚是可笑的。"一旦你意识到**仅凭一套价值标准来与他人进行比较是毫无意义的**，就不会再拘泥于僵化的思维方式，认为"如果我不一样就是错的"，或者"我必须这样"。也许你认为的失败根本就不是失败，在其他地方反而很正常。这就是价值观多样性的体现。

接受不同的价值观，就是要摆脱片面的看法。

一名曾在科威特学习的学生说："科威特有许多不同种族、宗教和文化背景的人，他们的思维方式很不同。有这么多不同的价值标准，你就没有办法进行比较。我刚到科威特的时候，对这种环境感到很惊讶，而当我回到日本，我开始认为坚持一套价值标准的日本人更不正常。"当你看到一个不同的世界时，你会以更包容的方式感知它。

如今，不受单一价值标准的束缚非常重要。因为在全世界范围内，拥抱多元价值观正变得越来越重要。**"每个人都是不同的，这很自然。让我们接受不同的价值观吧。"**现在的人们非常需要这种心态。

价值观会不断变化

还有一件事我想让大家记住。那就是，你在某个时候觉得一个事物非常有价值，并为没有拥有它而感到自卑，但这种价值观并不一定会永远存在。举个简单的例子，只有在儿童时期，跑得快才非常重要。在小学，**跑得快的孩子很受欢迎。**所以你认为跑得快或慢是衡量你的价值的一个标准。一旦你上了初中，这一点就会大大不同。在高中，只有那些参加田径队和体育社团的人才需要跑得快，其他人对快慢不再感兴趣了。到了大学，无论你的跑步速度有多快，无论谁的运动能力更强或更弱，都没什么人在意。当你进入劳动力市场，人们期望你工作效率高，而这与跑得快慢没有关系。被认为有价值的东西会随着年龄的增长而发生变化。

流行趋势亦是如此。无论是眉毛的粗细还是刘海的样式，制服裙子的长度还是裤腰的高低，对于中学生来说，都只是一时的时尚。当你在二十年后回看自己的照片，你会想："为什么当时我认为这很酷？"时尚在变，你的感觉也在变。

江户时代（1603—1868）和明治时代（1868—1912）是日本人价值观念发生显著变化的时期。以今天的审美标准来看，以前武士的月代头是一个非常奇怪的发型。然而，当时的每个人都认为这很酷。

江户时代末期的实业家涩泽荣一近来在日本备受瞩目，他的形象出现在一部大型电视剧中，他的肖像被印在新版的一万日元纸币上。1867年，德川昭武——幕府将军德川庆喜的弟弟，被派去代表幕府参加巴黎万国博览会。涩泽荣一作为随行人员之一，在欧洲刮了胡子，换上了西式服装，拍了一张肖像照，自豪地将照片寄给他的妻子。然而，他的妻子对他刮掉胡须后的样子表示惋惜，称其为可耻的样子。她说："这是一个让人看了都觉得痛苦的样子。请恢复你原来的样子。为什么就你一个人打扮成这样？我很痛心。"

什么被认为是好的？什么样的外表被认为是值得自豪的？回答在不同的文化中是不一样的。随着时间

的推移，人们的想法会改变。价值观和价值标准是不断变化的。

评价的标准不止一个

你也可以有意识地改变自己的评价标准。

前文提到的铃木一郎就是一个将此付诸实践的球员。他的安打率很高，但他想的却是：**"我更看重击球数，而不是安打率。"** 如果一味关心安打率并重视提高安打率，最好不要三振出局。更重要的是，如果状态不好，最好不要击球。不主动挑战才比较安全。然而，铃木一郎认为，重要的是击球数而不是安打率。为了获得更多的击球数，击球手需要不断挑战自己，更积极地去打好球。他在美国职业棒球大联盟中连续几年实现了每年 200 支安打，还创下了一年中 262 支安打的纪录，是近一百年来的第一人。

铃木一郎的伟大之处在于，他注意到了人们不太重视的事情，并将其作为自己的标准，以此来提高技能和成绩。

价值标准是多样化的，评价尺度并不唯一。

日本职业足球运动员内田笃人曾在德国足球甲级联赛踢球，现已退役。他在一次解说时的话给我留下了深刻印象。他说：**"'好'只是评价球员的一个要素，但不是唯一要素。日本人往往认为，因为你很优秀，所以你可以很活跃。然而事实并非如此。"** 在内田看来，"好"只是评价的一个尺度，还有其他五六个评价标准，如"快"和"强"。作为一名球员，你需要发展整体实力，否则就很难与优秀的球员竞争。

诚然，在日本，"好"字是最高的褒奖。然而，如果你不把"好"看作唯一的评价标准，你对事物的看法就会更丰富和全面。

事在人为

"我赶不上优秀的人。"我们总是这样想。然而,"好"只是评价标准之一,即使那些"不好"的人也能找到前进的道路。以绘画为例,擅长与否一目了然,所以画不好的人很容易认为自己不善于绘画。然而,也有一些有吸引力的画并不好看。

有人说:"我不擅长绘画,但我有独特的色彩感。"这样的人是存在的。**对于他们而言,色彩感是他们对自己的评价标准。**"我缺少绘画技能,但人们说我的色彩感像画家夏加尔一样棒。"这样想,你就不会认为自己不擅长绘画了。相反,你感到更加自信。

我也是这么做的。我有时会和校友们一起去唱卡拉 OK,他们都唱得很好,得分在 80 分或者 90 分左右。我虽然认为自己唱得很好,但总是只得 60 分。有一天,我终于意识到一件事:我的总分虽然不高,但单项得分方面，我的音调得分最高。在歌唱的整体能力方面，我无法与其他人匹敌。于是，我对大家说："我是一个音调狂魔，我要在音调上打败你们所有人。"我决定不论唱什么歌，只在音调上得到高分就好。结果，没有人可以在音调上打败我。因为我有值得骄傲的东西，所以我不害怕唱卡拉 OK。

如果你能**在没有信心的事情中看到好的和积极的一面，你就不会再感到软弱或自卑了**。渐渐地，你会发现自己擅长的事情还是很多的。

幸福就是让自己感到舒服。你的评价标准越多，你的幸福感就越强。

自我肯定来自自信

在那些不能激发信心的事情中找到好的一面，这是**进行积极思考的最大诀窍**。

我说过，我从来没有因为身材矮小而感到困扰。

因为还是个孩子的时候，我就一直有强烈的自我意识。我也因为身材矮小而遇到过麻烦，但是当我参加儿童相扑比赛时，我的确很有优势。即使我身材矮小，也能在相扑比赛中获胜。这成为我心中的一块盾牌。

我经常思考身材矮小的好处。小个子是有用的，因为动作敏捷迅速。身材矮小意味着不太可能碍事，在火车座位上或在拥挤的电梯中不会占用太多的空间。这对世界有益，我一直很自豪地这样说。

由于身材矮小，我的腿很短。但在我生活的这些年里，从未遇到过任何问题。虽然我认为只要努力就能改变，但身高和腿长是我们无法控制的事情。顺便说一下，我的眼睛很小，好处是脏东西不容易进入眼睛，这可帮了大忙。

担心无能为力的事情是浪费时间。如果你不再为那些无法改变的事而烦恼，就会感到神清气爽，轻松自如。**以积极的方式接受你所拥有的东西并相信自己，可以培养出自我肯定感。

相信自己，不要担心周围发生的事情。如果与他人比较，一心想着输赢或优劣，自我就会消失。即使你为自己比别人有点儿优越而感到得意，也总有一些人比你更出色。与他人比较意味着无休止的竞争。无论你做得多好，你都无法获得内心的安定。

如果你努力看到自己身上的优点，你就会变得开朗起来，你会有更多的笑容。当你感到开朗和自信时，你就能做得更好，许多事情自然会发生变化。找到你的优点，专注于它们，发展它们并充分利用它们。自信和自我肯定感就是这样建立起来的。

没有无法挽回的事

报考大学专业时，我报了法律，因为我想成为一名法官。然而，当我进入法学院后，我开始怀疑自己是否具备成为一名律师的条件。我真的适合做必须翻阅过去的判例和解释法律的工作吗？直到我成为一名大学生，我才意识到，我对人们以前没有注意到的新观点和沟通联系更感兴趣。选专业的时候我要是能想到这些就好了。但这么想没有意义。我想，**我该考虑从现在开始可以做什么。**

首先，我决定完成我的法律学位，然后进入研究生院，重新学习教育学。

如果一开始没有选错，后面会更顺利。但有时你发现自己已经走上另一条路。"为什么我在那个时候选择了这条路？"这样后悔是没有意义的，这也许是当时的你能做出的最好决定。

当你经过深思熟虑做出决定后，不应该有遗憾。如果你认为你的决定不对，可以随时改变路线。如果你意识到哪里出错了，可以重新开始。 有些人在进入大学后转了院系，还有些人则像我一样，在研究生阶段选择了不同的领域继续深造。

即使你已经开始工作，改变也不会太晚。有一名已经参加工作的经济学专业的毕业生，每天早上在星巴克学习。最终，他通过了律师考试，成为一名律师。有些人已经工作了很长一段时间，却在三十岁后才决定成为一名医生，他们重新进入医学院学习，并最终走上医生的岗位。

只要有动力，你就可以改变你的道路。没有什么是不能挽回的。

历经长期的考验，现在一切都好了

就我而言，大学本科毕业后我遇到了更大的困难，经历了一段可怕的黑暗时期。

我继续读研究生，开始了教育学研究，但我的论文没有获得肯定。现在回过头来看，我意识到当时我写的内容过于主观了，但我执拗地认为是老师们的理解力有问题："这都没法理解吗？"这不是一件好事，但我当时并没有意识到这一点。

硕士课程通常需要在两年内完成，但我因为论文没通过延期了一年。博士课程通常需要三年左右的时间，而我却花了五年。也就是说，我在研究生院度过了八年时间。三十岁的时候，我仍然是一个学生。在那段时间里，我结婚并组建了家庭，所以我做了各种兼职工作来维持生计。直到三十三岁，我才有了一份正式工作。这么一看，**我二十几岁的生活好像全然失败了。**对于一个东京大学的毕业生来说，这显然是一条极不寻常的道路。

尽管那是一段黑暗的时期，但我结婚了，有了孩子，生活中还是有很多快乐的事情，只不过我还没有被社会所认可。我那些大学同学都在努力工作，以自己的方式出人头地，取得了社会认可的成果。每当想到这些，我就感到很沮丧，因为我还没有做出一点儿成绩。那是一个艰难的时期。

三十三岁时，我在明治大学找到了一份教师的正式工作，我才开始有机会出书。我想："**我本可以**

过一种更顺遂的生活，但现在这种生活也不是那么糟糕。"在我二十多岁时，我把所有的时间都用于研究，这是我喜欢做的事。我每天投入其中的时间大约有十四个小时。晚上，东京大学的校门关闭后，我会翻过大门旁边的墙回家，现在回想起来还是很怀念。我认为那些艰难的时刻造就了今天的我，所以我也可以为二十多岁的自己打上一个"✓"。那段时期并不黑暗。

我所花费的时间造就了今天的我。我现在所做的事情都是以当时的积累为基础的。**我可以明确地说，没有那个时候的付出，就没有现在的成就。**虽然过去包含了所有未竟的遗憾和我做过的愚蠢的事，但它是我的基础，今天的我是建立在过去之上的。

未来的你能否肯定现在的自己呢？尽情地活在当下吧。根据我的经验，我相信这样的态度会把你引向一条肯定自己的道路。

第五章

摘要

-1-

抹黑过去的是你自己。

-2-

不要被一种价值观所限制，
要有不同的评价标准。

-3-

转变思维，接受自己。

第6章

无论跌倒多少次都能重新振作起来的强大心态

掌握不屈服的力量吧

读到这里，你们应该已经知道什么是强大的心态了。那不是避免失败、受伤或被羞辱，而是**当你尝试某件事情但没有成功时，不要轻易灰心，要有摆脱困境的心态，面带微笑地继续前行。**

一次又一次重新站起来的动力是不屈服的力量。

当今社会，越来越多的人变得敏感和脆弱。敏感是人的性格之一。把敏感作为自己的特点加以珍惜是个好主意。然而，我希望人们不要落入"我太敏感了，无法忍受困难"的思维陷阱。敏感和不能忍受困难之间没有直接的因果关系。这是一种思维习惯，使人们因为敏感而逃避困难。敏感并不妨碍克服困难。

"我很脆弱，所以我不想做任何可能伤害自己的事情。"这是另一个逃避现实的思维习惯。有过各种痛苦经历的人，如果真的想改变自己，就应该自问："受到伤害时，我应该怎么做？"

伤害发生在与其他人的关系中。虽然你尽力规避伤害，但其他人依旧会说出或做出一些超出你预期的事情。因此，无论你怎么想，都不存在不受伤的办法。**重要的是思考受了伤害后该怎么做。**

人生中总是会有意想不到的情况发生。遇到无法控制的困难，似乎很难摆脱。例如，你无法控制新型冠状病毒给你的生活和社会带来重大的变化。你无法预料生活中的许多事情，如受伤、生病和坏运气。不管你是坚强还是脆弱，每个人在被卷入时都像身处漩涡。

关键是你能否毫无畏惧地向前看。能够向前看的人才会安下心来，活得更从容。如果你放弃了，就等于把自己与未来隔绝开来，这会让生活变得更加困难。这与生存能力密切相关。

所以，**我希望你能培养出不屈服的意志。**困在脆弱的外壳中，不会有什么好结果。无论你生性敏感还是脆弱，或者在生活中跌跌撞撞，我都希望能听到你说：

"我很敏感，但我没有屈服！"

"我很脆弱，但我不会被这些东西伤害。"

"我跌倒了，但我又爬起来继续向前走。"

我希望你能够说出这样的话。

因为逆风，所以能飞！

小时候，我所在的小学有一个放风筝比赛，我们经常在河边练习放风筝。你知道放风筝的技巧吗？逆风时，风筝飞得最高。**放风筝的诀窍是利用空气的提升力，从下面把风筝往上推。**要做到这一点，就让风筝逆风而飞。事实上，逆风在跳台滑雪中也是有利的条件。看起来顺风会增加飞行距离，但当风筝处于逆风时，它获得了浮力，下落速度更慢，无形中增加了飞行距离。

飞机在起飞和降落时也会朝着逆风的方向前进。

这是因为逆风能为起飞提供所需的升力，为降落提供阻力，这也是最安全的起降方式。这就是为什么有这样一个说法："**身处逆境时，请记住：飞机逆风飞行，顺风是飞不了的。**"

我们通常都把逆风或逆境看作是负面的。但很多时候，逆风 = 顺风。除了风筝和飞机之外，悬挂式滑翔机、滑翔伞、帆船等任何需要借助风力前进的工具都是如此。

知道了这一点，你会不会**改变看待逆风和逆境的方式**呢？

改变思考的习惯

日本马拉松运动员有森裕子曾连续两届获得奥运会女子马拉松奖牌（1992 年巴塞罗那奥运会银牌和 1996 年亚特兰大奥运会铜牌）。已故的知名马拉松教练小出义雄培养了许多中长跑运动员。他的话成为有

森裕子改变的催化剂:

"不要想'为什么会出问题',而要想'现在已经出了问题'。生活中没有什么是无意义的。"

有森说,她以前倾向于对所有事情进行消极思考,在她养成了积极思考的习惯后,就像小出义雄告诉她的那样,她能够更快地走出低谷。

思考的习惯可以通过练习来改变。我们要有意识地练习对各种事物进行积极的思考。

"为什么会发生这种情况?"当你关心"为什么"的时候,你在追问过去。而当你想:"嗯,这种情况已经发生了。"你就会把注意力集中在未来,问问自己:"那么,接下来我可以做什么?"

这就是前瞻性思考,也是面向未来的思考。

另一个诀窍是尝试接受逆境,认为"我很幸运"。把逆境看作是对你有利的事情。例如,人们往往很容易从负面的角度来看待新型冠状病毒,但我们也可以把它看作认识自己的契机,"由于学校现在只提供远程课程，我才发现自己有多喜欢在线计算机技术。通过网络，我可以看到我的朋友，而且能够自由地做我想做的事情"。这么想，你就能比以前更积极地对待电脑和友谊。

从积极的角度看问题，你会感到压力减少了。 你能注意到美好的事物并从中找到乐趣。你会意识到，消极思考不过是担心和焦虑一些没必要的事情。**以不同的方式看待事物时，你还会注意到更多以前忽略的事。** 你不仅能够看到自己的优点，还能注意到其他人的优点，这有助于增进你和他人之间的交往。

保持沉稳，而不强迫自己变得强大

当我们觉得自己必须坚强或必须做到最好时，往往会变得很紧张。我们被压力束缚了手脚，反而什么也做不好。所以，不必强迫自己变得坚强。

那么，我们应该怎么做呢？关键是保持沉稳。只

有保持平静和沉稳，不受情绪的影响，才能获得真正的力量。为此，你不仅要能够积极思考，还要**减少消极的心理状态。**你需要减少负面情绪，如焦虑、恐惧、愤怒和嫉妒。越能保持平静的心态，你的压力就会越小。变沉稳的你将能够更坦然地接受事物。

当你改变看问题的方式时，思考方式和行为方式也会随之改变。调整心态最有效的做法是同时调整思想和行动，而不是单单调整心态。**不是说"我没有什么讨厌的事物，所以可以平静下来"，而是说"我很平静，所以讨厌的事物慢慢没有了"。**

我常常对自己说，即使我失败了，或者今天过得不好，感觉很消极，我也**不会把它带到第二天去。**如果我把不好的感觉带到第二天，就会以消极的态度开始一天的工作，影响一天的心情。因此，我总是在前一天就把问题解决掉，**不给自己留下任何内心的负担。**我就是这样度过每一天的。

为了保持沉稳，养成让自己有好心情的习惯很有必要。

培养让自己高兴的习惯

你可以做一些能抵消坏情绪的事。对有些人来说，最简单可行的方法是**吃一些让自己开心的食物**。比如说我，吃烤肉、寿喜烧或鳗鱼可以带走一天的负面情绪。

东京广播公司（TBS）的播音员安住绅一郎大学时曾是我的学生。他说，当他被言语伤害时，会通过吃咖喱猪排来纾解坏心情。他会自我暗示："吃了咖喱猪排就会好起来。"或者："已经吃了咖喱猪排，所以就恢复正常了。"

我还建议你在一个远离日常生活的世界里度过一些时间。

我喜欢看体育比赛，所以我有时会看一系列体育比赛直播，有时也会连续看两到三部电影，还会看我喜欢的艺术家的现场音乐会录像。关键是要让自己沉浸在一个远离日常的世界里。在那里，你可以把不愉快的事情抛得远远的。

做一些让自己放松的事也可以排解负面情绪。 比如看一部感人的电影或戏剧，掉几滴眼泪。哭可以让紧绷的情绪得到释放。或者通过做运动或跳舞来出出汗。我喜欢蒸桑拿，让自己出很多汗，然后痛痛快快地洗个澡。经过清爽的桑拿浴和一顿烤肉后，大多数不开心的事情就都变得没什么大不了的了。

找一个词或一句话作为你心情的开关。

对我来说，"没什么大不了的"这句话就是其中之一。当我遇到了难以解决的麻烦想不通时，我也敢大声说："嗯，没什么大不了的，它又不会要了我的命。"然后就觉得没有什么可担心的了。

"尽管"这个词也可以帮助我们转变思想。比如：

"尽管我失败了，但食物的味道很好……好吧，这样挺好。"

"尽管这样的说话方式很让人气愤,但他是带着微笑说的,好吧!"

通过这种方法,给自己鼓励,让自己振作起来。**"尽管如此,我的心情仍然很好。"** 这句话很有用。当你看着镜子,对自己说:"尽管外面在下雨,我的心不安地怦怦跳,但我今天的心情仍然很好!"你就不再感到抑郁了。

当一个人情绪低落、看不到希望时,有些话可以给人鼓励,比如**"没有不亮的夜""没有不停歇的雨""没有无出口的隧道"**等。当你大声说出来,这些话作为"声音"从体外传入体内,更容易与心灵产生共鸣。

听一听战胜挫折和苦难的"插曲"

当你了解了人们克服各种困难的事迹,就会觉得心里住着很多援军。我经常说,**通过阅读在你的脑海**

中培育一片"多样化森林",就是在你的心中拥有一支强大的军队。你可以通过各种方式培育自己的"多样化森林",而不仅仅是通过阅读。这样一来,你可能会找到一个和你产生共鸣的人,一个成为你伙伴和导师的人。

哈兰德叔叔不放弃的力量

提到不轻易屈服的人,我就会想到肯德基的创始人哈兰德·桑德斯。1929 年,桑德斯在公路边开了一家兼营饮食的汽车服务店。在此之前,他曾从事过四十多种工作。因为他的炸鸡特别受欢迎,他开了一家主营炸鸡的餐馆,还因此获得了上校头衔。然而,随着新的州际公路的开通,他的生意越来越不景气,六十五岁的他不得不卖掉餐馆,到各地去推销他的炸鸡配方。他的想法是与其他餐馆签订特许经营协议,据此向他们传授自己的炸鸡配方。一开始,他不断被拒绝——大约有一千家餐馆拒绝了他。尽管如此,他从未放弃，继续推销自己的炸鸡。到他七十四岁时，他已经在美国拥有六百家特许经营店，还在世界范围内扩大了销售渠道。

这个例子告诉我们，即便遇到不顺利，但**只要不放弃，我们最终就会成功。**

林肯总统也是一个顽强不屈的人

美国第十六任总统亚伯拉罕·林肯因颁布《解放黑人奴隶宣言》而被誉为美国历史上最伟大的总统。他也是一个顽强不屈的人。

林肯从小就是一个勤奋的人，他没有受过什么学校教育，完全靠着自学成才。他的成长并非一帆风顺。二十三岁时，林肯首次竞选州议员失败，之后在众议院和参议院的选举中也曾经失败过。他前前后后经历了八次失败，也没能赢得副总统的职位。

然而在这个过程中，如果他曾经丧失信心，最终就不会成为总统。那么，"民有、民治、民享的政府"

这句话就不会出现，没人知道美国的解放历史又会是什么样。

在个人生活方面，林肯同样经历了一系列挫折，包括生意失败、精神崩溃，以及三个孩子的早逝。

他有过多少次失望？然而，他从未失去信心，一次又一次地从困境中爬起来。这正应了那句老话：**成功是经历一次又一次失败，却从不丧失热情。**

设立诺贝尔奖是为了赎罪吗？

源于愧疚感的世界性功勋奖章

让人觉得颇为奇特的是出生于瑞典的阿尔弗雷德·诺贝尔。作为一名化学家，诺贝尔有许多发明，其中最伟大的发明是炸药。在研究和开发了一种使爆炸性的硝化甘油能够安全运输的革命性方法之后，诺贝尔发明出了爆炸力更强的固体炸药。他后来成为一个非常成功的企业家。

然而，他为土木工程研发的炸药却被用在了战争中。对炸药需求的迅速增加使诺贝尔积累了巨大的财富，他后来被称为"死亡商人"，因为他经营着可以杀人的武器。

据说，诺贝尔并没有预见到他发明的炸药会成为杀人的武器。他认为，由于它的杀伤力比以前的武器大得多，因此会对战争起到震慑作用。然而，这种一厢情愿的想法是不现实的。诺贝尔为自己的发明加剧了战争的苦难感到不安，他希望自己的巨额财富能够为人类的未来做出贡献。

这是他最后的意愿和遗嘱，从此诺贝尔奖诞生了。这个奖项是为了向那些在物理学、化学、生理学或医学、文学和和平领域为人类福祉做出贡献的人致敬。可以说，这个奖项是出于一种内疚感而设立的。

诺贝尔的发明是失败的吗？

我不这么认为。即使诺贝尔没有发明出炸药，最终也会有人发明出来。诺贝尔无法阻止他的发明被用在他没考虑过的地方。但我认为，将他从中获得的财富分配给那些为人类福祉做出贡献的人的想法，使他赢得了世人的尊重。

人类是会犯错的生物，重要的是在犯错之后问一问："然后呢？"这是我们必须认真思考的问题。

从运动员的拼搏精神中得到鼓励

我想让你了解的不仅仅是伟人的英勇事迹，还有他们是如何克服困难的。很多时候，我们会被那些生活在同一时代的运动员所激励，并尽我们所能去努力向他们看齐。一流的运动员不仅有强壮的身体，而且有着强大的内心。

当日本的游泳王牌之一池江璃花子被诊断出患有白血病时，我想每个人都感到非常惊讶。许多人可能比以往任何时候都想为她加油，因为她在痛苦的治疗中奋力拼搏，在巨大的不确定性中努力使自己的生活回到正轨。

在接受一家杂志的采访时，她说："一旦我克服了这个困难，就会变得更加强大。考虑到这一点，我首先要克服这种疾病，战胜它。"

"因为经历了这样的事情，所以哪怕累了的时候，也会想着下次能再次战胜挫折，不断训练。"

当然，她并不总是坚强和积极的。但过去克服困难的经历给了她战胜疾病的力量，而没有被疾病打败的事实也给了她重新站起来的动力。我认为**这些克服困难的经验给了她莫大的支持。**

她的另一个活力来源是**心中不断燃烧的激情之火。**即使在与疾病斗争的过程中，她也说："不管怎样，我决心继续游泳。"她心中燃烧着热情的火焰，这给了她拼搏的勇气。她心里有一种强烈的感觉，一定要活到最后！这给了她战胜疾病的动力。

当然，真正治愈疾病的是医疗的力量，但与疾病的斗争靠的是一个人的精神力量。意志力越强，生命力越旺盛。**当有梦想、目标、信念和使命感时，生存的动力就会变得更强大。**

燃烧你的心吧！

"燃烧你的心！"随着日本漫画《鬼灭之刃》的大获成功，这句话也变得流行起来。"燃烧你的心"这句话出自炼狱杏寿郎。他说：**"无论你如何被自己的软弱和不足所击倒，燃烧你的心，咬紧牙关，向前看。"**他留下的这句"燃烧你的心"成为激励和支持主人公灶门炭治郎的精神力量。

现在和过去的流行漫画的主人公从不轻易气馁。当我们还是孩子的时候，我们曾经把这种不屈不挠的精神力量称为毅力。如今，"毅力"一词或许被看作是一种强大的压力。然而，无论是过去还是现在，成年人希望儿童拥有不畏艰险的愿望并没有改变。

不畏艰险指的是拥有勇气、胆识和决心。这些强

烈的感情和心志只有在心中保持火热时才能拥有。 如果心中没有激情，你就无法拥有这些品质。一颗没有热量的冰冷的心无法凝聚起勇气、胆量和决心。从这个意义上说，我觉得"燃烧你的心"这句话能引起这么多人的共鸣，是一件非常好的事情。

你在为什么燃烧你的心？

为了完成某件事，保护某人，回应某人的期望或支持，等等，要做不能不做的事。炭治郎不只想打败恶鬼，还想保护妹妹祢豆子。他想拯救那些恶鬼的牺牲品。**正是这种灵魂的呐喊，点燃了他生存下去的热情。这就是为什么心火旺盛的人更有勇气、胆量和决心。**

看到有梦想、有目标、有信念、有使命感的人燃烧自己的心、努力奋斗，是一件很酷的事情。

无敌的热情来自什么？

我们都可以在工作中努力拼搏，因为我们热爱它，可以为它燃烧我们的心。然而**当我们面对自己时，却常常表现得出奇地脆弱**。一旦自信被打破，就会变得萎靡不振。好比你认为自己很擅长现在的工作，你很优秀，但总有一些人比你更好，一旦出现了比你更优秀的人，你就会感到自卑。你对喜欢做的事再也提不起兴趣。你心中的火焰熄灭了。

然而，**当喜欢和意志融合在一起时，它们就变成了一种无敌的热情。当这种意志与帮助世界、为社会做贡献和为他人着想相联系时，这种热情就变得尤其强烈**。这是因为成功不再是你一个人的事。将自己喜欢的事做好，同时也能为别人带去好处。当你这样想的时候，你就不能因一点儿小事而灰心丧气。

运动员经常说："感谢每一个支持我的人，让我能够做到最好。"正是为了不辜负那些支持者的期望和鼓舞，他们的心才获得了支撑，变得更加强大。

有些创业者说，他们想让世界变得更好一点儿。他们的初衷是希望让世界变得更美好，让尽可能多的人感到幸福。他们越是认真，就越能克服挫折和失败，坚持下去。

因此，**你想实现的目标和梦想不应局限于自己，最好是将它们与服务社会联系起来。**

财富的意义，人生的意义

曾在英超联赛中为利物浦足球俱乐部效力的足球运动员萨迪奥·马内来自非洲塞内加尔。他是世界顶级联赛之一的明星球员，获得了很高的报酬。他曾经问："为什么有人需要一辆法拉利、两架飞机和一块镶有钻石的手表？我不明白这些奢侈品的意义。"马内没有在自己身上挥霍这些财富，而是在他的家乡塞内加尔资助医院和学校的建设，向穷人捐赠食物和衣服，赢得了粉丝的钦佩。

让我**非常担心**的是，现在社会上有一种强烈的倾向，即**以能否赚大钱来看待人生的成败**。能够赚到很多钱是稳定生活和稳定心态的重要条件之一。有钱总比没钱好。赚钱的愿望也是生活的动力，有这个愿望是好事。然而，我们不应该太过关注金钱。如果你很羡慕视频网站上那些赚了很多钱的网友，想变得像他们一样富有，就太没有意义了。

因某事成名能够赚很多钱，肆意地花费，不断购入想要的东西，认为这样才是成功和幸福生活的唯一标准，这种想法太可悲了。

即使你渴望这种生活，你也应该尊重人们不同的生活方式和处理事情的方式。仅仅把经济上可以获得或失去的东西作为价值导向，是永远不会快乐的。这样的人生也是不充实的。

何塞·穆希卡是南美洲乌拉圭的前总统。担任总统期间，他没有住在豪华的总统府里，而是过着俭朴的生活，他每月捐出近 90% 的薪酬，这使他获得了

"世界上最贫穷的总统"的称号。

穆希卡曾说："人生的胜利不是赚钱，而是无论跌倒多少次，都能再爬起来，重新开始"。一次又一次站起来的精神是多么宝贵啊。

柔韧、沉稳、坚强

在这本书的开头我曾说，希望你们的目标是柳树精神。

日本江户时代有一位禅宗僧人叫仙崖义梵。为了用通俗易懂的方式传达禅宗教义，他画了很多水墨画，其中一幅画的是一棵被风吹动的柳树，上面写着：

"吾不喜风，柳树自静。"

这句话的意思是，可能有你不喜欢的风，但柳树总是能自然地等着它们吹走。有些人可能认为，隐忍或忍受就是咬紧牙关忍耐，但**能够让自己变得柔韧，**

任凭风吹而不会折断才更强大。

另有一句话是这样说的："柳堪风拂。"这是说，任凭风吹雨打，就像风中的柳条，不与之抗争，而是平静地忽略它。

还有一句话说："柳树不在雪中折。"柳树的树枝非常有弹性，即使雪落在上面也不会将其折断，这是对看似柔弱却有力量的一种比喻。

世界上有许多种风——顺风、逆风和侧风。如果**无论吹什么风，你都能随风摇摆，从而保护好自己，这样的状态是最好的。**

当我观看洛杉矶天使队的棒球运动员大谷翔平比赛时，我总是能感觉到一种柳树般柔韧的力量。大谷的身体灵活性很好，能够利用自己敏捷的身体快速投掷，同时也能爆发出巨大的力量进行击打。

他的头脑几乎和他的身体一样灵活。他似乎没有一种强烈的"我要这样做"的态度，脸上总是带着沉稳的笑容。在他受伤后，有些人建议他不要再做双向运动员，而要专注于投球或击球。而他则用类似于"柳树不在雪中折"的态度来回应。他曾在一次采访中这样解释说："如果能同时做这两件事，就应该同时做。如果不能做到这两点，就会被解雇。就这样。"他的语气很平静，但我认为他的态度非常坚决。

当然，身边的教练会给你各种各样的建议，但你必须在能接受的范围内接受，在能放任的地方放任，最终进行自我调整。这就是理想的立场。

你是否曾经断然拒绝别人要你做的事情？这很不好，这说明你的思想很顽固。当你害怕改变，请提醒自己："我的头和心都有点儿顽固。"然后试着放松和软化它们。总之先试着接受一下。相反，如果你认为自己比较软弱，那么为了习得柳树精神，你得变得更坚韧一些。

第六章

摘要

-1-

结束一天的工作时,不要留下精神负担。

-2-

要善于振作,设定让自己心情舒畅的
习惯和语言信号。

-3-

将自身的愿望与社会联系起来,
进而激发出无敌的热情。

结语

非常感谢亲爱的读者看到这里。在这本书中，我从各个角度向你说明了使内心强大的方法。最后，我想谈一谈**镜饼理论**，这是我自己总结出来的一个简单的理论。

我相信，人的心灵就像镜饼上面的那个橙子。镜饼是日本人新年时的一种装饰，由一大一小（小的在上，大的在下）两个扁圆形的年糕叠放在一起做成，最上面则放一个橙子（有些家庭可能会放柑橘，但正式场合用的是橙子），其目的是希望家族能够世代繁荣。放在上面的橙子有点儿不稳当，一不小心就很容易滚下来。年糕越大、越结实，橙子就越稳当，越难滚落。

有一年，我阴差阳错地收到了比我订购的小一号的镜饼。当我把橙子放在上面时，它变得非常不稳当，整体看上去很不平衡。当时我心想："看起来要掉下来的橙子就像人的心。"人心也是不稳定的，很容易向错误的方向倾斜。当人的心理基础牢固而坚实时，情绪才会更稳定。

今天的人们承受着巨大的压力，精神问题也变得更严重。他们就像那不稳的镜饼。那么，如果橙子是人的心灵，下面的两层年糕又代表什么呢？在我看来，上层是精神，下层是身体。如果精神和身体这两个基础是牢固的，那么心灵就会稳定。这就是我的镜饼理论。

镜饼理论

不要把心灵看作一个孤立的东西。它有一个基座，在不稳定的情况下是可以调整的。

正如我在前文中提到的，我们要从思想和行动两个方面来调整心态，这**基于一个人后天的精神和身体**。

如果一种思想或一种哲学的精神在你心中牢牢扎根，它就会成为你心灵的慰藉。如果你参加体育运动，自然会获得公平竞争的精神。如果你在某一学校学习，受到这一学校文化的影响，就获得了"XX学校精神"。

心态是个人的事情，**但精神是一种集体共有的思维方式**。这就是为什么精神不会随着人的情绪而改变。

精神是一种传统，是人们长期传承的东西，而**你是由许多人建立起来的精神血统的一部分，所以知道这一点是非常令人欣慰的**。

精神在很多地方都可以找到。通过大量获取，你可以拥有各种精神信仰作为你的心灵基础。

如果说精神是年糕的上层，那么我们的身体就是下层，包括我们平时养成的各种习惯。这些习惯根深蒂固，让我们快速而无意识地运用我们的身体。呼吸、语言和礼仪都是身体的重要方面，对我们的心态起着重要的作用。

呼吸浅的人更容易焦虑，情绪更容易激动。紧张的时候，可以做做深呼吸，因为深而慢的呼吸能使你的心平静下来。

礼貌的问候表示"我现在在这里，我尊重你"的态度。**能够平静地与人打招呼，表现得很有礼貌，即使自己的心态处于混乱的状态，也意味着你能够控制自己。**

礼仪也是如此。剑道以礼节开始，以礼节结束。比赛结束后，你必须鞠躬致意。在比赛中，如果得分的一方无意中振臂欢呼，他会被取消得分。原因是，在失败者面前摆出炫耀的姿态是缺乏礼貌的行为，不符合剑道精神。

体育和武术一样，既包含了精神，又包含了身体的内容。由于它们是在既定的规则下进行的，因此重要的精神力量也得到了培养。比如在橄榄球比赛中，你将学到"no side[①]"精神和"人人为我，我为人人"的精神。

音乐也是如此。它与身体有关，涉及身体的活动，如唱歌和演奏乐器。而音乐的类型与精神有关。例如，摇滚乐是不受规则约束的音乐，说想说的话，而不担心被别人批评。它不仅仅是一种音乐流派，还是一种生活方式。

心灵不稳定，且具有独特的个性。精神是它的基础，身体也是它的基础。**当这两个基础变得丰富而广阔，内心便会因为各种精神和身体的支持而变得稳定和强大。**

[①] 源自英国。比赛结束时喊"no side"表明比赛结束，不再区分对手和胜负方，是一种传统的橄榄球运动精神。——译者注

要想让自己始终保持冷静，做事有条不紊，就不能只关注自己的心灵。为了防止你的橙子滚落，你应该筑牢镜饼的年糕部分。

2021 年 5 月

斋藤孝

什么是真正的聪明？

新手少年的大人生攻略

分数不代表我的人生。

日语版全系列累计销售 26万册+

在学校里，分数是衡量一个学生聪明与否的标准。一旦进入社会，衡量聪明与否的标准就会骤然改变，从"会学习"变成"能够适应社会"。为了拥有幸福的生活，在初中和高中阶段，你可以做好哪些准备呢？

日本千万级畅销书作家斋藤孝传授让你一生受用的思考方式！
一本书帮你梳理人生，链接未来，
重新定义上学的意义、学习的目的和方法！

什么是真正的朋友？

新手少年的大人生攻略

我们的一生，都在和人打交道。

日语版全系列累计销售 26万册+

本书将传授你使友谊立于不败之地的三种能力：

1. 结交合得来的朋友的能力
2. 与合不来的人和睦相处的能力
3. 享受独处的能力

日本千万级畅销书作家斋藤孝传授让你一生受用的思考方式！
好人缘固然重要，但处理人际关系的核心是
让自己变得自信和强大。